생명의 촉매, 기적의 효소

현대인은 효소를
밥처럼 먹어야 한다

생명의 촉매, 기적의 효소

현대인은 효소를
밥처럼 먹어야 한다

개정판 1쇄 인쇄 2021년 01월 04일
개정판 1쇄 발행 2021년 01월 11일

지은이   김희철
펴낸이   유희정
편집   이숙영   디자인 전영진   마케팅 김헌준
펴낸곳   소금나무
       주소 서울 양천구 목동로 173 우양빌딩 3층 ㈜시간팩토리
       전화 02-720-9696   팩스 070-7756-2000
       메일 siganfactory@naver.com
       출판등록 제2019-000055호(2019.09.25.)

ISBN 979-11-968141-5-1 03570

이 도서의 국립중앙도서관 출판예정도서목록(CIP)은
서지정보유통지원시스템 홈페이지(http://seoji.nl.go.kr)와
국가자료종합목록 구축시스템(http://kolis-net.nl.go.kr)에서 이용하실 수 있습니다.
(CIP제어번호 2020039647)

소금나무는 ㈜시간팩토리의 출판 브랜드입니다.

생명의 촉매, 기적의 효소

현대인은 효소를 밥처럼 먹어야 한다

김희철 지음

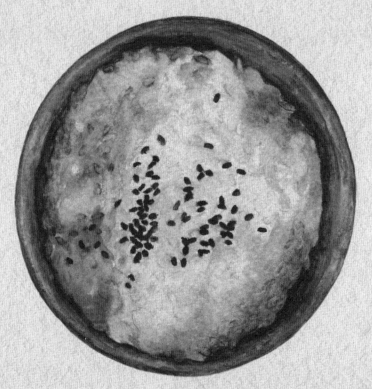

소금나무

피가 났을 때 효소가 없으면 멎지 않는다.

효소의 작용 없이는 정자가 난자의 세포막을 뚫지 못한다.

세제 속에는 효소가 들어있기에 빨래가 희게 된다.

효소가 있어 꽃은 향기롭다.

인체의 세포는 효소가 없으면 만들어지지 않는다.

건강검진을 할 때 뽑은 피는 효소를 이용해 질병의 유무를 진단한다.

효소는 인체 내 모든 장기와 혈액 속에 존재하고 있으며, 지금 이 순간에도 쉬지 않고 인체 내의 모든 생화학 반응에 작용하고 있다.

우리가 오늘 섭취한 음식물은 효소의 작용으로 잘게 분해돼 분자 크기의 영양소로 변환된 후, 소장에서 흡수되어 혈관으로 이동한다. 혈액 속으로 이동한 영양소는 간을 경유해서 심장으로 가며, 심장의 수축과 팽창운동에 따라 전신에 분포된 모세혈관망을 통해 몸 속 구석구석의 세포에 전달된다. 전달된 영양소는 우리가 숨쉬고, 말하고, 먹고, 걷고, 운동을 하는 등의 모든 인체활동을 하는데 필요한 에너지가 된다. 또 영양소는 우리 몸을 구성하는 피부와 근육, 장기, 뇌, 뼈, 머리카락, 손톱 등 모든 세포를 만드는 원료가 되는 것이다.

인체는 약 60조에서 100조 개의 세포로 구성돼 있는데 이 세포는 약 10개월이 경과하면 모두 새로운 세포로 바뀌게 된다. 여러분의 심장도, 뇌도, 뼈도, 피부도 계속 새로운 세포로 바뀌고 있는 것이다.

보고, 듣고, 냄새 맡고, 맛을 보고, 만지는 촉감, 이 인체의 오감은 모두 신경을 통해서 뇌에 전달돼 정보처리 되며, 이때 의식적이거나 또는 무의식적인 반사작용으로 손발을 움직이는 등 신체반응이 일어난다. 이와 같은 신경과 뇌의 움직임 역시 효소의 작용이 있어 가능한 것이다.

효소는 생명력이다. 우리 인체 내에 효소가 풍족하면 노화는 천천히 진행되고 수명은 길어진다. 효소가 부족하면 면역력은 떨어지고 질병에 취약하게 되며 노화가 빨리 진행되어 수명이 짧아진다. 지금까지 효소를 몰라도 큰 불편 없이 살아왔고, 또 앞으로 계속 그렇게 살아갈 수도 있다. 하지만 효소를 알면 도움이 된다.

아등바등 오래 살 생각이 없다고 말하는 사람도 있을 것이다. 그러나 그렇게 말하는 사람도 생을 마감하는 마지막 날까지 아프지 않고 건강하게 살고 싶어 할 것이다. 그 누구나 나이 들어 아파 누워서 가족이나 주위사람들에게 피해를 주는 일은 피하고 싶어 한다. 나이 들어 만약 치매라도 찾아오면 큰일 아닌가.

보건복지부 조사에 의하면 우리나라 65세 인구의 약 10.3%는 치매를 앓고 있으며, 치매인구는 2024년에는 백만 명, 2041년에는 2백만 명을 넘을 것이라고 한다. 치매 유형은 알츠하이머가 74.9%, 혈관성 치매가 8.7%, 기타 16.3%로 분류된다.

미국사람들의 가장 큰 소망은 늙어서 치매에 걸리지 않는 것이라고 한다. 교회에 갔을 때 치매에 걸리지 않게 해달라고 가장 먼저 기도한다고 하지 않는가. 중요한 것은 단순히 오래만 사는 것이 아니라, 건강하게 활동하면서 오래 사는 것이다. 질병이 없는 건강한 삶을 살아야 한다.

효소 이야기는 건강 이야기이다. 숨 가쁘게 흘러가는 일상에서 잠시 숨을 돌리고 우리 한 번 스스로의 건강을 뒤돌아보자. 바쁘다는 이유로 또는 무관심으로 나 자신을 너무 혹사하거나 그냥 내버려두지는 않았는가. 그렇다면 늦었다고 깨닫는 지금이 가장 빠른 것이라 했으니 오늘 이후로는 내 자신의 건강을 위해 시간을 조금 할애해 보자. 내가 아니면 누가 나를 내 몸처럼 진정으로 생각해 주겠는가. 이것은 또한 나 자신만을 위한 것이 아니라 사랑하는 내 가족을 위한 것이며, 거창하게 이야기하자면 국가경쟁력에도 기여하는 것이다. 전국 병원의 병실이 환자들로 가득 차 있으면, 국가경쟁력은 떨어질 수밖에 없지 않겠는가.

나는 한국미생물주식회사(국순당의 전신)을 물려 받아 지난 10년간 산업용 효소 제조업에 종사해왔다. 복합 효소제를 사료첨가제로 상품화해서 전국의 축산농가와 농협, 축협에 납품하고 있으며 진로발효와 하이트주정, 롯데주정(옛 두산주정), 무학주정 등 8개 주정(식용에탄올) 제조회사에 전분 당화효소인 아밀라아제를, 그리고 전국의 전통주 양조장에도 특허 받은 당화효소를 독점적으로 공급하고 있다.

한편으로는 농약과 중금속 문제를 안고 있는 수입 한약재를 위한 복합효소 제재를 국내는 물론 세계 최초로 개발하여 전국의 한의원에 공급하고 있다. 이 발효한방용 효소제재는 농약성분을 분해하여 독성을 제거하기 때문에 한약제의 안정성을 확보할 수 있을 뿐 아니라 한약재의 고유기능성을 증대하는 작용을 한다. 참고로 중금속의 제거는 미생물 배양법, 또는 원심분리기를 이용해서 제거할 수 있다.

산업용 효소분야에서 검증된 기술력을 바탕으로 나는 이제 사람에게 유용한 기능성식품을 개발해 공급할 때라고 여겨 오랜 연구 끝에 현미효소를 개발해서 상품화하기에 이르렀다. 제품의 개발에 앞서 국내외의 유사제품 중 이름 있는 회사에서 나온 제품을 모두 수집해 성분을 분석했다. 그 결과 효소에 관한 한 우리 한국효소주식회사가 가장 뛰어난 제품을 완성시킬 수 있다고 판단해 개발에 착수했으며 결과는 예상한 대로였다.

나는 효소를 매일 매끼 밥과 함께 반드시 먹지 않으면 안 된다는 강한 믿음을 갖고 있다. 또한 누구보다도 가장 뛰어난 효소제품을 만들 수 있다는 자신이 있었기에 우리 대한민국 국민 모두에게 정직하고 안전하며 고기능성으로 생산된 효소 제품을 공급해야 한다는 사명감을 갖게 되었다. 시중에 유통되고 있는 건강기능성 식품들은 거의 대부분 과대 포장돼 있고, 매우 고가에 판매되고 있는 것이 현실이다. 이는 아주 잘못된 것이다. 몸에 유익한 기능성식품을 합리적인 가격으로 모든 소비자에게 널리 공급하는 것이 기업의 사명이 아니겠는가.

효소제품은 이제 밥과 함께 항상 먹어야 하는 필수식품으로 자리매김을 해야 한다는 것이 나의 신념이다. 우리는 비타민과 미네랄을 충분히 섭취해야 하는 것으로 배웠다. 이것은 옳은 인식이다. 비타민과 미네랄은 충분히 섭취해야한다. 그런데 정작 중요한 효소를 우리는 모르고 있다. 누구도 효소의 중요성을 가르쳐주지 않았다. 현대인에게 절대적으로 부족한 효소를 섭취해야 한다는 사실을 우리는 학교에서도 배우지 않았다. 이는 대단히 잘못된 것이다. 이제 학교에서도 자라나는 아이들에게 효소의 중요성을 올바로 교육해야 할 때라고 생각한다.

강조하건데 나는 모든 사람이 효소를 일상적으로 섭취해야 한다는 강한 믿음이 있다. 또 국내외 그 어느 유사제품보다도 뛰어난 효소제품을 만들 수 있다는 자신이 있기에 독자 여러분의 꾸지람을 무릅쓰고 감히 이 책자를 빌려 현미효소의 우수성을 말씀드리고자 한다.

이제부터 효소이야기, 아니 건강이야기로 잠시 함께 여행을 떠나보자.

저자 김희철

효소원의 효소를 개발할때의 남편 모습이 떠오릅니다. 효소와 건강 관련 서적을 항상 손에 들고 다니며 읽고, 또 밤을 새워서라도 세상에 나와 있는 모든 관련 서적을 찾아 읽겠다는 모습을 보고, 나는 효소 개발을 위한 남편의 의지를 느낄 수 있었습니다.

처음 효소원이 만들어졌을 때는 일반인에게는 효소란 단어가 아직 생소했던 시기였습니다. 모든 일이 그렇듯 생소한 제품을 알리려니 자연히 많은 어려움이 따랐습니다. 남편은 일에 너무 골몰한 나머지 자신의 몸은 제대로 돌보지 못했습니다. 지금처럼 많은 분들이 한국발효 효소원의 효소를 알게 된 사실을 보여줄 수 없어 안타깝게 생각합니다. 아마도 하늘나라에서 뿌듯한 마음으로 보고 있으리라 생각합니다.

한국발효는 대를 이어하는 사업이니 남편이 아버지로부터 양조용 효소와 동물보조사료용 효소를 물려받아 식품으로서의 식품으로서의 효소를 추가 발전시켜 만들어 놓았고, 나와 우리 자식들이 대를 이어 더욱 좋은 제품을 만들고 알리는 작업을 할 것입니다. 남편은 회사철학과 맞지 않다고 OEM제품은 사절하였고, 그에 대한 생각은 매우 강력하였습니다. 그러나 나는 제품은 상품으로서의 역할 또한 중요하다고 생각하며, 일단은 좋은 제품을 많이 알리는 것 또한 중요하다고 생각해서 선택적으로 OEM생산을 해주고 있습니다. 그 점은 남편에게 미안한 생각이 듭니다.

많은 분들이 이 책을 통해 효소에 대한 지식을 얻고, 100세 시대에 건강한 생활을 하는데 도움이 되셨으면 하는 바람입니다.

끝으로 이 책의 재발행을 기획해 주신 소금나무 대표님께 감사드립니다.

2021.01.02
한국발효(주) 대표 배혜정

contents

PART 06 음식과 질병

PART 07 **치료와 효소**

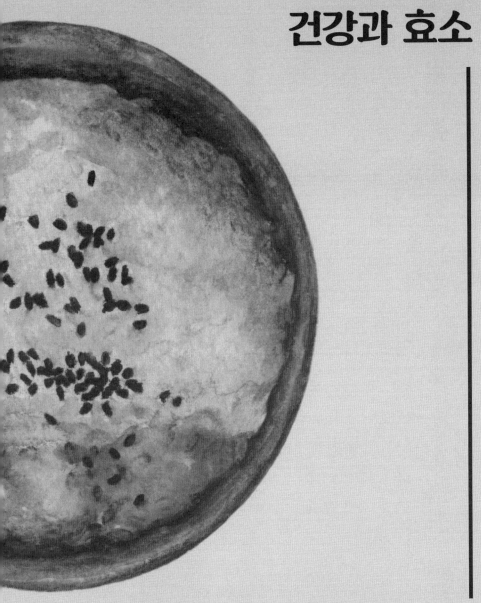

PART 01

건강과 효소

건강에 대한 기초 상식

우리는 모두 건강하게 살 수 있다. 그리고 우리는 건강하게 사는 방법을 이미 잘 알고 있다.

알고 있는 것을 실천하기만 하면 건강해진다. 초등학교 때 우리는 그 방법을 학습했다.

- 식사 때는 음식물을 30번 이상 꼭꼭 씹어서 천천히 먹을 것

- 과식하지 말 것

- 하루 세 끼 규칙적으로 정해진 시간에 식사를 할 것

- 신선한 채소와 과일을 많이 섭취할 것

- 잠자기 전 2-3시간 동안은 음식물을 섭취하지 말 것

- 잠은 하루 7시간을 잘 것

- 일주일에 적어도 3회 이상, 가능하면 매일, 땀이 날 정도의 운동을 할 것

위와 같이 생활하면 건강해진다고 배웠다. 그렇다면 초등학교 때 배운 대로 우리는 일상생활을 보내고 있는가, 아니라면 지금이라도 배운 대로 실천할 수 있겠는가. 그렇다! 라고 대답하고 매일 그렇게 실천하고 있는 분들, 또는 지금이라도 실천할 수 있는 분들, 그리고 현재 건강에 큰 어려움이 없는 분들은 분명 건강한 삶을 영위하고 있을 것이다. 그렇다면 이 책은 효소와 건강에 대한 기초적인 안내서로서의 가치를 제공할 것이고, 그것은 그것 나름대로의 충분한 의미가 있다고 생각한다. 그러나 실천하기가 쉽지 않고, 또 지금 건강에도 자신이 없으며 건강을 위해 무언가를 해야겠다고 생각하는 분들에게는 이 책이 건강의 복음서가 될 것이라고 감히 말씀드리고 싶다.

우리는 식사를 할 때, 음식물을 과연 몇 번이나 씹어서 먹고 있을까. 한 끼 식사에 얼마나 많은 시간을 투자하고 있을까. 식사도 일종의 노동이다. 천천히 꼭꼭 씹는 노동을 해야 한다. 최소한 20분 이상은 식사에 투자해야 한다고 알려져 있다. 이렇게 잘게 부셔서 삼켜줘야 위장의 소화 부담이 덜한 것이다. 하지만 당장 음식물을 천천히 30번 씹는 것부터가 어렵지 않은가.

과식은 좋지 않다고 배웠는데 이 말이 맞다는 것을 알면서도 우리는 먹는 즐거움을 얼마나 자제할 수 있는가. 모처럼 갈비 집에 가서 구수한 고기 냄새를 맡으면 그 유혹을 물리치기가 쉽지 않은 것이 사실이다. 또한 초등학교 때 배운 대로 30번을 씹고 20분 이상을 투자해 먹는다면 회식자리에서 내가 먹을 고기는 남아있지 않을 것이다.

우리가 세상을 살아가면서 항상 건강만을 생각하고 살 수는 없는 노릇이다. 때론 서둘러 먹어야 하고 한 끼, 두 끼 식사를 거를 때도 있다. 또 하루 세 끼 식사시간을 지키라고 하지만 일에 쫓기거나 공부에 몰두하다 보면 식사시간을 놓치기가 일쑤이다.

신선한 채소와 과일도 많이 먹으라고 하지만, 밖에서 식사를 하는 사람들이 어디 자기가 먹고 싶은 대로 음식을 골라서 먹을 수 있는가. 끼니 당 외식비는 정해져 있고, 선택할 수 있는 메뉴는 한정되어 있는데 어떻게 신선한 채소와 과일을 많이 그리고 매일 섭취할 수 있겠는가.

누구나 일에 쫓겨 몰두하다 보면 정해진 식사시간을 놓치기가 다반사이다. 또 늦은 시간에는 먹지 말라고 하지만 배가 고프면 늦은 시간에라도 한 입 음식을 먹어야 허기를 달랠 수 있는 것이 아닌가. 우리가 배운 대로 할 수 없는 현실이 안타까울 뿐이다.

투자 없는 건강이란 없다

　건강하기 위해서는 하루 평균 7시간 정도 충분한 잠을 자야 한다. 하지만 하루 7시간을 푹 잘 수 있는 사람이 얼마나 될까. 누구나 때를 다투는 일, 내일 아침까지 끝내야 할 일이 있으면 밤을 새워서라도 마무리를 해야 한다. 평상시에는 잠을 충분히 잘 수도 있겠지만 일에 쫓기면 내 건강 따위는 생각할 겨를도 없이 그 일을 끝낼 수밖에 없다. 오늘을 사는 현대인들에게는 정해진 시간에 자고 정해진 시간에 일어나는 것이 사치스러운 일이 되고 있는 게 현실이다.

　일주일에 적어도 3회 이상, 가능하면 매일, 땀이 날 정도의 운동을 하라고 하지만 이 또한 쉬운 일이 아니다. 솔직히 일주일에 서너 번씩 헬스클럽에 가서 땀을 흘릴 수 있는 여유가 있는 사람은 또 얼마나 있겠는가. 아니면 점심시간을 이용해 매일 30분이라도 걸을 수 있는 사람은 얼마나 될까. 우리의 현실은 초등학교 때 배운 대로 실천할 수 있도록 허락을 하지 않는다.

그런데 중요한 것은 '이렇게 해야 한다'고는 배웠지만, 사정이 있어서 '그렇게 할 수 없을 때는 그럼 어떻게 해야 하는지'에 대해서는 아무도 가르쳐 주지 않았다는 사실이다. 그렇다고 해서 내 몸의 건강에 대해 결코 방심하거나 방관하고 있을 수만은 없다. 나 자신 외에는 아무도 내 건강을 대신할 수 없기 때문이다.

어느 날 돌연히 찾아온 무서운 병은 우리에게는 너무나도 큰 놀라움이고 참기 힘든 고통이 될 것이다. 누구보다 열심히, 성실하게 살아왔는데 왜 내게 이런 불행이 찾아왔단 말인가! 뒤늦게 땅을 치고 후회해도 이미 소용이 없는 일이 되고 만다. 가족 중에 환자가 있으면 가족 전체가 불행해진다. 그 병이 중병일 경우, 그 고통은 너무나 크고 감내하기 힘들다.

그렇다면 우리는 지금부터라도 내 건강을 관리하는데 시간을 투자해야 하지 않을까. 어떤 사업에 돈을 투자할 때면 사람들은 전력을 쏟아 공부한다. 투자가 잘못돼 땅을 치고 후회하는 상황이 두렵기 때문이다. 그러나 돈을 잃어도 죽지는 않는다. 그러나 건강은 잃으면 모두 잃는 것이다.

그런데도 사람들은 내 건강을 관리하는 데에는 왜 그렇게 무심한가. 건강도 관심을 갖고 노력하지 않으면 얻을 수 없다는 평범한 진리를 우리는 잊은 채로 살아가고 있다. 이 세상에 공짜란 없다. 내 건강도 공짜로는 얻을 수가 없는 것이다.

이 글을 읽고 오늘 이후부터 초등학교 때 학습한 그대로의 생활습관을 실천한다면 반드시 건강한 삶을 영위하게 될 것이다. 오래 살기 위한 것이 아니라 살아있는 동안은 남의 힘을 빌리지 않고 스스로의 힘으로 품위를 지키며 당당하게 살아가기 위한 것이다.

아직은 건강할 때 우리가 가진 얼마간의 시간과 비용을 내 건강을 위해서, 그리고 사랑하는 가족을 위해서, 마치 보험에 들듯이 미리 조금 투자하는 것은 현명한 일이며 고수익을 얻는 성공투자가 될 것이다.

건강을 지키는 지혜

건강의 기본은 좋은 먹거리와 적당한 운동과 평온한 마음을 항상 유지하는 것이다. 여기서 말하는 좋은 먹거리란 신선한 음식이다. 좋은 토양에서 자란 신선한 곡물과 채소, 과일, 식물성 단백질, 그리고 항생제에 오염되지 않은 적당양의 동물성 단백질을 말한다.

이것을 달리 표현하면 3대 영양소인 탄수화물과 지방, 단백질과 필수 미량영양소인 효소, 비타민, 미네랄, 식이섬유가 풍부한 음식물이다. 이처럼 신선하고 영양소가 풍부한 음식물을 섭취하면서 과식을 하지 않는 식습관을 실천한다면 우리는 누구나 건강한 삶을 누릴 수 있다.

그런데 문제는 우리가 일상적으로 섭취하는 음식물의 약 90%이상은 화식(火食-열에 의해 조리된 음식물)이라는 사실이다. 화식에는 효소가 모두 파괴돼 존재하지 않으며 비타민의 대부분과 미네랄 또한 상당 부분

훼손되어 있다는 사실이다.

　적당한 운동은 전신의 혈액순환을 원활하게 해서 영양소와 산소
를 몸 전체의 세포에 고루 공급하게 한다. 또 적당한 운동은 호르몬
(Hormone)의 분비를 원활하게 하며 심폐기관을 강화시켜 준다.

호르몬(Hormone) ──────────────────────────

동물체 내의 특정한 선腺에서 형성되어 체액에 의해 체내의 표적기관까지 운반되며 그 기관의 활동
이나 생리적 과정에 특정한 영향을 미치는 화학물질을 말한다. 호르몬을 형성하는 선은 내분비선이
라고 알려져 있었으나 최근에는 호르몬이 선 조직뿐만 아니라 몇몇 기관이나 신경조직에서도 분비된
다는 사실이 밝혀졌다. 예를 들어 성호르몬은 생식선뿐만 아니라 부신피질이나 태반에서도 만들어진
다. 호르몬 작용이 있는 물질이 신경조직에서 분비되는 경우를 신경분비라고 한다. 신경분비에 의한
물질을 신경분비물질이라고 해서 선에서 분비되는 선성腺性인 호르몬과 구별한다. 내분비선에서 생
산되는 호르몬은 특별한 수송관 없이 직접 혈관이나 림프관을 통해서 전신의 표적기관으로 수송된다.
중요한 내분비기관으로는 뇌하수체, 부신, 갑상선, 부갑상선, 이자(췌장) 및 성선 등이 있다. 이것은 매
우 적은 양으로 표적기관에 영향을 미치고 지속시간도 긴 편이다. 표적기관에서의 호르몬 농도가 높
아지면 이를 감지해서 호르몬 방출인자를 억제하고, 호르몬 농도가 낮으면 방출인자를 자극해서 적
절한 양을 유지하는 되먹임 작용(Feedback mechanism)에 의해 조절된다.

　호르몬 분비가 과다하거나 부족한 경우를 각각 호르몬기능항진증,
호르몬기능저하증이라고 한다. 기능항진증의 원인은 종양으로 인한 것
이 많으며 기능저하증은 염증, 종양 혹은 수술 등으로 인해서 내분비선
이 파괴되었을 때 발생한다.

한편 우리의 건강을 해치는 최대의 적 가운데 하나가 스트레스이다. 스트레스를 받아 마음이 편치 않게 되면, 우리 몸 안에는 활성산소(Oxygen free radical)가 다량으로 발생한다. 이 활성산소는 우리 몸을 산화시키고 노화를 촉진하는 무서운 적이다. 활성산소를 제거하기 위해서 우리 몸은 많은 양의 효소를 필요로 한다. 이로 인한 효소의 대량소모는 인체 내에 존재하는 효소의 절대량을 고갈시키게 되고, 효소의 감소와 부족은 우리 몸을 질병에 취약하게 만든다.

> **활성산소(Oxygen free radical)** ──────────
> 호흡과정에서 몸 속으로 들어간 산소가 산화과정에 이용되면서 여러 대사과정에서 생성되어 생체조직을 공격하고 세포를 손상시키는 산화력이 강한 산소

스트레스는 아드레날린 분비를 유발하고 혈당치를 상승시키며, 혈액을 산성화하고 백혈구의 기능을 저하시킨다. 이렇게 되면 몸의 면역력이 떨어지고 노화는 촉진된다. 이처럼 스트레스는 우리 건강을 해치지만, 이 세상에 스트레스를 전혀 받지 않고 사는 사람이 얼마나 될 것인가. 적당한 스트레스는 동기부여가 되어 일을 보다 효율적으로 처리하게 만드는 동력이 된다고도 했다. 문제는 정도를 지나친 스트레스에 있다. 현대를 살아가는 사람들은 남녀노소를 막론하고 스스로 소화할 수 있는 범위를 넘어선 스트레스에 매일 시달리고 있다.

과도한 스트레스는 몸의 면역력을 앗아가고 노쇠현상을 촉진시키며,

질병의 위험 속으로 우리를 몰아가고 있다. 따라서 마음을 다스려 항상 평온한 상태를 유지하는 것이야말로 신선한 음식물을 섭취해야 하는 당위성 보다 훨씬 더 중요하다고 할 수 있다.

　건강을 지키는 데에도 지혜가 필요하다. 스트레스를 이기려하기 보다는 평생의 친구로 삼아 함께 살아가는 방법을 터득하는 것이 가장 지혜로운 사람의 자세일 것이다.

우리가 잘 모르는 것들

오늘 여러분이 점심에 먹은 음식이 돼지갈비에 흰밥, 된장국이었다면, 여러분은 3대 영양소인 단백질과 탄수화물, 지방을 모두 드신 것이다. 돼지갈비는 동물성 단백질과 지방을 공급하고, 흰밥은 주성분이 탄수화물이다. 그리고 돼지갈비와 함께 먹은 상추와 무에는 미네랄과 비타민 그리고 효소가 풍부하고 섬유질과 식물성 단백질, 탄수화물도 함유되어 있다.

잘 알다시피 3대 영양소는 탄수화물과 단백질, 지방이다. 여기에 비타민, 미네랄을 더해 5대영양소라 하고 식이섬유소와 물을 더해 7대 영양소라고도 한다.

그런데 가장 중요한 영양소가 빠져 있다. 바로 효소이다. 영어로 효소는 엔자임(Enzyme)이다. 비타민과 미네랄은 영어로 코엔자임(Coenzyme)이라고 한다. 코엔자임은 엔자임을 보조하는 역할을 수행한다. 그래서 코엔자임(보효소-補酵素)이다. 그런데 주역인 효소를 빼고 7대영양소라고 하는 것은 잘못된 것이다.

탄수화물과 지방은 에너지의 원료이며 단백질은 세포로 만드는 원료이다. 탄수화물과 지방, 단백질을 에너지와 세포로 변환하는 일을 하는 일꾼이 효소이며, 효소를 도와서 함께 일을 하는 일꾼이 보효소인 비타민이고 미네랄인 것이다.

아무리 많은 양의 탄수화물과 지방, 그리고 단백질을 섭취한다고 하더라도, 그것이 효소에 의해 분자 크기로 분해되어 인체에 흡수되지 않으면 인체는 그것을 에너지로, 또 세포를 만드는 원료로 사용하지 못한다. 즉 탄수화물과 지방, 단백질은 충분한 양의 효소, 미네랄, 비타민과 함께 섭취해야만 분해, 흡수되어 에너지원으로, 또 인체 세포의 원료로 사용될 수 있는 것이다.

그럼 비타민과 미네랄은 섭취해야 한다고 하면서 왜 효소는 먹어야 한다고 가르쳐주지 않았을까. 그 까닭은 대부분의 비타민과 미네랄은 인체 내에서 합성되지 않는 반면 효소는 인체 내에서 생성되고 있기 때문이다. 그런데 중요한 사실은 인체 내에서 생성되고 있는 효소의 절대량이 부족한 점을 간과하고 있다는 것이다.

　우리 인체 내의 효소는 소화와 대사, 그리고 면역 활동을 잠시도 쉬지 않고 수행하고 있다. 하지만 인체 내에서 생성되는 효소만으로 소화활동과 대사활동, 인체의 면역기능을 정상적으로 영위하기에는 그 양이 매우 부족하다. 우리 인체는 섭취하는 음식물로부터 효소를 얻게 되어 있다. 음식물을 모두 생식으로 섭취하면, 생식에 함유된 효소는 입에서 씹는 순간에 바로 방출되어 스스로 음식물을 분해하기 시작한다. 우리가 섭취하는 음식물 속에 든 효소의 양이 부족하기 때문에 인체 내에 저장된 효소가 배출되어 음식물을 분해하고 소화시킨다.

만성병과 퇴행성 질환은
어디에서 오는가

불행하게도 오늘날 현대인의 밥상에 오른 음식물에 효소가 거의 존재하지 않는다. 모든 살아있는 동물과 식물은 그 안에 효소를 지니고 있다. 그러나 우리는 살아있는 동물의 고기를 그대로 먹을 수 없고, 식물 또한 날로만 먹고 있지 않다. 대부분의 음식은 끓이거나 굽거나, 지지거나, 기름에 튀겨서 먹고 있다.

효소는 50도에서 파괴되기 시작하고 70도가 되면 거의 모두 파괴된다. 불에 조리한 음식에는 그래서 효소가 전혀 존재하지 않는 것이다. 불에 조리한 음식물은 효소가 없기 때문에 이것을 분해하고 소화시키려면 부득이 우리 인체 내에 저장되어 있는 효소를 꺼내 와서 사용할 수밖에 없다. 그런데 인체 내에 저장되어 있는 효소는 음식물의 분해와 소화를 돕는 일 외에도 우리 몸의 모든 세포를 새로 만드는 신진대사와 면역기능을 담당하기 위해서 항상 일정량이 유지돼야 한다.

그럼에도 불구하고 음식물의 분해와 소화 때문에 이 저장되어 있는 효소를 꺼내와 사용해 버리면 신진대사와 면역기능 강화의 목적으로 사용해야 할 효소는 크게 부족하게 되고 만다. 이렇게 해서 신진대사와 면역기능이 떨어지면 우리 인체는 어떻게 될까. 동물에는 발생하지 않는 퇴행성질병이나 만성병, 생활습관병이 인간에게만 발생하고 있는 이유가 바로 여기에 있다. 즉 효소가 파괴된 화식에 그 원인이 있는 것이다.

그러나 현대인의 식생활은 화식을 떠나 생각할 수가 없으며 그렇게 화식을 계속하다 보면 필연적으로 만성적인 효소결핍증이 초래된다. 이와 같은 효소의 부족으로 인해 우리 몸은 섭취한 음식물이 충분히 분해, 소화되지 않고 대장의 소화기관 내에 잔류물 덩어리로 남은 채 부패하고 독소를 뿜어내게 된다. 그리고 이 독소는 대장의 벽을 뚫고 혈관으로 들어가며, 혈관을 타고 전신을 순환하면서 머리, 허리, 어깨, 무릎 할 것 없이 인체 여러 부위에 통증을 유발시킨다.

또 이 독소는 혈액 자체를 오염시킬 뿐만 아니라 혈관 벽에 상처를 내어 단백질 잔류물을 부착시키고 혈관을 좁아지게 만들어 결국 혈액순환의 장애를 가져오게 된다. 이 같이 혈액순환에 장애가 오면 혈액은 인체 내의 60조에서 100조 개에 달하는 세포에 영양소와 산소를 고루 운반하는 기능을 원활히 수행할 수 없게 된다. 영양소와 산소가 충분히 공급되지 않을 경우, 우리 몸을 구성하는 세포가 건강할 수 없다는 것은 새삼 설명이 필요 없을 것이다.

동물 중에서
왜 인간의 췌장이 가장 클까

미국의 저명한 효소영양학자이자 전설적인 효소의 권위자인 에드워드 하웰 박사(Dr. Edward Howell, 1898~1986)에 의하면, 우리 인체가 일생 동안 생산하는 효소는 무한하지 않으며 그 절대량은 제한적이라고 했다.

우리가 섭취한 음식물에 효소가 없으면 위와 췌장, 소장 등 인체 내에서 효소를 생산하는 기관들은 음식물의 분해, 소화에 필요한 효소까지 모두 공급해야 한다. 이렇게 되면 인체 내의 기관들은 무리를 하게 되고 그 결과 위장장애나 췌장염 등 각종 질병들을 유발하게 된다.

실제로 효소가 파괴된 조리된 음식물을 섭취하는 경우, 뇌의 크기가 정상 크기보다 작아지는 사실이 확인되고 있으며, 또 요오드(I)양이 적절한데도 불구하고 갑상선이 과도하게 확장되는 현상이 동물실험에서도 확인되고 있다.

요오드(I)

아이오딘이라고도 하며 우리 몸에 필요한 미네랄의 하나로서 신체 내에 소량 포함되어 있다. 갑상선 호르몬의 구성성분이기 때문에 체내 요오드 총량 중 75%가량이 갑상선에 들어 있다. 체내에 요오드의 양이 부족하면 갑상선기능 저하증이 나타날 수 있고 요오드 보충제 등을 과다 섭취하면 갑상선기능 항진증이 나타날 수 있다. 요오드는 천연에서 순수하게 존재하는 일은 거의 없지만 미역이나 다시마와 같은 해조류에 요오드 화합물의 형태로 존재한다.

중요한 사실이 또 하나 있다. 우리 인간의 췌장은 몸무게에 비례해서 모든 동물 중에서 가장 크다. 그 이유는 소화효소가 파괴돼 효소가 존재하지 않는 화식을 섭취하기 때문이다.

잘 알다시피 췌장은 인체 내의 소화효소를 분비하는 기관이다. 그런데 화식을 해서 섭취한 음식물에 효소가 없으면 필요한 모든 소화효소의 대부분을 췌장이 공급해야하기 때문에 이상 발달한 것이다. 화식은 또 뇌하수체를 과도하게 확장시킴으로써 인체 내 호르몬의 분비와 조절기능에 이상을 초래하게 된다. 돌연사하는 사람들은 거의 모두가 뇌하수체에 결함이 있는 것으로 밝혀지고 있는데, 우리나라 중년층의 돌연사 비율은 세계에서 손꼽을 정도로 높다.

뇌하수체腦下垂體 ─────────────────────

척추동물에서 볼 수 있는 타원형의 내분비기관으로서 전엽, 중엽, 후엽으로 나뉘며 호르몬의 분비와

조절에 중요한 기관이다.

비만의 원인은
어디에서 오는가

소화효소가 존재하지 않는 화식을 주로 섭취한 청소년들은 비정상적으로 조숙하게 되고 과체중이 된다. 효소가 파괴된 화식을 섭취하는 것이 비만의 주요한 원인이다. 왜 그럴까.

열을 가한 음식은 효소만 파괴하는 것이 아니고 음식물에 함유된 다른 영양소도 파괴한다. 하지만 열에 의해 효소와 비타민 등이 파괴돼도 높은 칼로리는 그대로 남아있다. 이렇게 화식에 남아 있는 높은 칼로리는 내분비선內分泌腺의 정상적인 작동 체제에 이상을 불러와서 소화기관에 식욕을 적절히 조절하라는 신호를 보내지 못하게 된다.

즉 식욕은 내분비계와 신경계에 의해 조절되는데 화식은 내분비계의 기능에 지장을 가져와 소화기관에 적절한 신호를 보내지 못하게 되는 것이다. 그 결과 우리 인체는 필요한 양 보다 더 많은 음식물을 섭취하게 되고 청소년들이 비정상적으로 조숙하게 되며 과체중과 비만환자들이 늘고 있는 것도 바로 이 때문이다.

내분비선內分泌腺 ────────────

동물 체내에 호르몬을 분비하는 조직 또는 기관으로 내분비기內分泌器라고도 한다. 호르몬을 분비하는 선腺이면서도 그 분비물을 운반하는 관管이 없이 혈액이나 림프관 속으로 호르몬을 분비하고, 분비된 호르몬들은 혈관이나 림프관을 따라 체내를 순환하며 표적기관으로 이동해서 조절작용을 일으킨다. 이 때문에 내분비선 조직 내부에는 많은 모세혈관이 분포하고 있는 경우가 많다. 조절 기작은 매우 정교해서 각종 자극 호르몬이 표적기관에 작용함으로써 호르몬이 분비되고, 호르몬 자극기관의 활동은 분비된 호르몬에 의해 영향을 받는다.

매일 신선한 음식물을 먹어서 효소를 충분히 섭취하는 사람은 이목구비가 뚜렷하다. 그러나 화식을 한다든지 효소가 부족한 음식을 섭취하는 사람은 그렇지가 못하다. 평소 효소를 많이 섭취해서 체내에 효소가 충분한 사람은 소화활동이 원활하고 면역기능이 강화되며, 신진대사가 활발하게 이뤄지기 때문에 건강한 내장기관과 건강한 피부를 갖게 된다. 이는 근육과 피부에서 불필요한 지방이 빠져나가고 부종이 사라지기 때문이며 그래서 효소를 많이 섭취한 사람의 이목구비가 뚜렷한 것이다.

식생활의 개념을
왜 바꿔야 하는가

우리가 평소 먹는 음식물로부터 충분한 효소를 얻는다면 그 효소는 음식물을 분해하고 소화하는 역할을 충실히 해낼 수 있다. 이럴 경우, 우리 몸의 췌장과 백혈구를 비롯해 인체의 여러 가지에서 만들어져 저장되어 있는 효소는, 효소가 해야 할 또 다른 중요한 역할인 신진대사와 면역기능의 강화에 전념할 수 있게 된다.

즉 음식물에 충분한 효소가 함유돼 있으면 체내에 저장된 효소는 부담 없이 새로운 세포를 만들고, 인체 내 손상 부위를 치유하는 활동에 전념할 수 있는 것이다. 한 예로 우리 몸 안에 이물질이 들어오면 효소는 이것을 곧바로 인지하고 분해해서 몸 밖으로 배출시킨다. 하지만 인체 내의 효소가 부족하게 되면 이 분해, 배출작용이 제대로 이뤄지지 않는 것이다. 이렇게 해서 배출되지 않고 몸 안에 쌓인 이물질은 소화가 되지 않는 잔류물과 마찬가지로 부패하면서 독소를 형성한다. 그리고 이 독소 역시 혈관을 타고 몸 안을 순환하면서 인체 내 여러 부위에 통증을 유발하는 것이다.

또 효소는 인체 내의 지방조직과 관절, 상처가 난 부위, 종양, 동맥경화가 발생한 부분 등에 축적되어 있는 잔류물을 분해해서 몸 밖으로 배출시킨다. 그리고 신진대사를 활발하게 함으로써 우리 몸에 새로운 세포를 만드는 작업 역시 효소의 몫이다. 효소가 이처럼 우리 인체에서 막중한 역할을 하는 영양소임에도 불구하고 사람들은 효소를 잘 모른다. 밥상의 90%이상이 화식으로 차려지고 있는 현실에서 이제는 식사와 함께 보조식품으로 반드시 섭취해야 하는 필수 영양소가 됐다.

잘 알다시피 오늘날 전 세계의 식품 공급 구조는 대량생산과 대량유통이라는, 그 누구도 바꿀 수 없는 구조로 짜여 있다. 본래 음식물에 포함되어 있어야 할 효소는 이 같은 대량생산, 대량유통 시스템으로 공급되는 음식물에는 존재하지 않는다.

우리의 식생활에 대한 개념도 바뀌어야 한다. 우리는 대량생산, 대량유통 구조 하에 소비자에게 공급되는 음식물로서는 효소를 더 이상 섭취하기가 불가능하게 된 현실을 인식하고 조리되고 가공된 음식물과는 별도로, 필수영양소인 효소를 추가로 섭취해야 하는 것이다. 효소도 이제는 비타민, 미네랄과 마찬가지로 반드시 식사 때 마다 꼭 섭취해야 하는 영양소임을 이제는 학교에서도 올바로 교육해야 할 때이다.

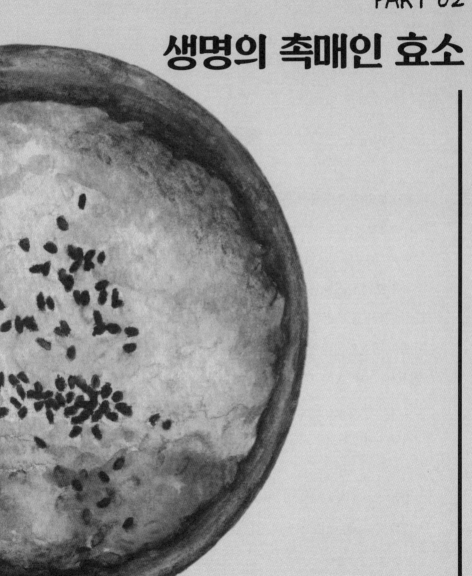

PART 02

생명의 촉매인 효소

음식물은 어떤 과정을 통해
피와 살이 될까

음식물을 입에서 씹기 시작하면 침과 섞이게 된다. 이 침 속에는 아밀라아제라는 효소가 분비돼 있다. 아밀라아제는 탄수화물을 분해해 글루코스(포도당 또는 전분당)로 변환시키는 역할을 한다.

밥을 오래 씹으면 단맛이 난다. 바로 이것이 아밀라아제에 의해 쌀의 탄수화물이 당화되기 때문이다. 즉 포도당(글루코스)으로 변한 것인데 이 당이 단맛을 내는 것이다. 당은 인체 내에서 산소와 결합해 에너지를 생산한다. 그리고 이 당은 우리의 근육과 간에 저장돼 필요할 때 필요한 만큼 꺼내서 인체의 활동 에너지로 사용된다. 우리가 활동하는 모든 에너지의 원천이 바로 포도당인 것이다.

입에서 잘게 분해되고 입 안에 분비된 아밀라아제와 섞인 음식물은 식도를 타고 위로 내려가는데 위는 그 기능상 윗부분과 아랫부분으로 나뉜다. 식도를 타고 내려온 음식물은 위의 윗부분에서 약 30분 내지 60분 정도 머물게 된다. 그리고 이 시간 동안 침에서 분비된 아밀라아제와 음식물 자체에 함유된 소화효소에 의해서 소화가 진행되는 것이다. 이 때 위는 소화를 위한 별도의 소화운동을 하지 않으며 위의 윗부분에서는 주로 탄수화물이 소화된다. 위의 윗부분이 탄수화물을 소화하는 동안 위의 아랫부분에서는 위산이 분비되기 시작한다. 그리고 위산이 일정량 이상 분비돼 산성 환경이 되면 음식물을 아래로 보내는데 이때는 단백질 분해 효소인 펩신이 분비돼 음식물에 포함된 단백질을 분해한다. 즉 단백질은 위의 아랫부분에서 소화되는 것이다.

위의 소화가 진행된 음식물은 십이지장을 거쳐 소장으로 이동한다. 우리 몸의 기관 중 효소를 가장 많이 생산하고 분비하는 기관은 췌장인데 이 췌장은 위와 소장을 연결하는 부위인 십이지장에 단백질과 지방, 전분을 분해하는 소화효소를 내보낸다. 소장으로 이동한 음식물은 췌장에서 배출된 소화효소인 트립신(단백질 분해효소), 리파아제(지방 분해효소), 아밀라아제(탄수화물 분해효소) 그리고 담낭, 간장에서 나온 분비액과 섞여 분자 크기의 영양소로 미세하게 분해된다.

강산성인 위에서는 펩신이 작용해 단백질을 분해하고, 알칼리 상태인 소장에서는 트립신이 작용해서 단백질을 분해한다. 그런데 음식물은 위가 아니라 소장에서 가장 많이 소화된다.

인체의 소화 기관

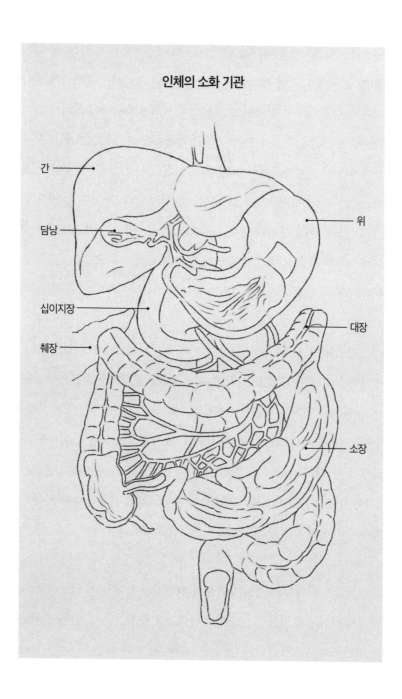

간

담낭

십이지장

췌장

위

대장

소장

음식물은 왜 소장에서
가장 많이 소화될까

그렇다면 음식물이 인체 내에서 소화되는 과정을 다시 정리해보자.

먼저 입에서는 탄수화물이 소화되기 시작하고, 위에서는 입에서 1차 소화된 탄수화물의 2차 소화와 그리고 단백질이 소화된다. 또 소장에서는 췌장에서 분비된 지방 소화효소인 리파아제와 단백질 소화효소인 트립신으로 지방과 단백질을 소화하는 한편, 입과 위에서 덜 소화된 탄수화물까지도 분자 단위로 분해해 인체가 이용할 수 있는 크기의 영양소로 변환시킨다. 그리고 최종 분자 단위로 분해된 영양소는 소장에서 흡수되어 간을 거쳐 혈액과 림프관을 타고 전신에 전달되는 것이다.

그런데 우리 인체 내에서 영양을 흡수하는 세포는 소장에만 있다. 소장의 길이는 6미터에서 7미터 정도인데 그 내강內腔에는 무려 3천만 개의 장융모腸絨毛가 있으며, 이 장융모에는 각각 5천개의 영양흡수세포가 붙어있다. 따라서 소장 전체의 영양흡수 세포는 모두 천5백억 개에 달하며 이 많은 영양흡수 세포가 분자단위로 분해된 영양소를 흡수해서 혈관으로 옮기는 것이다. 이 얼마나 놀랍고 신비로운 일인가. 음식물에 들어 있던 대부분의 영양소는 이처럼 소장에서 혈관으로 흡수되며 소화되지 않고 남은 잔류물은 대장으로 이동한다. 그리고 대장에서는 주로 수분과 전해액電解液이 흡수되며 남은 잔류물은 배설될 때가지 대장에 머물러 있게 된다.

대장에는 100종, 100조 마리에 이르는 세균이 세균총細菌叢을 이루고 있는데 중요한 것은 이 세균의 질이 건강을 좌우한다는 사실이다. 즉 유익균이 많으면 건강하고 대장균이나 웰시균(사람이나 동물의 장내 또는 물에 존재하는 세균으로 열에 강하고, 장시간 끓여서 만드는 카레나 스튜 등에서 발생하는 식중독의 원인이 되는 유해균) 등 유해균이 많으면 병이 된다. 유산균이나 비피더스균(20종 이상 있음)이 유익균이며 이들이 장내 세균총을 지배하고 있으면 우리는 건강하게 되는 것이다.

나무에게 필요한 영양분을 공급하고 영양원인 땅이 옥토일 경우, 나무는 5천 년도 더 살 수 있다. 그런데 그 땅이 산성화되어 있거나 영양분이 없는 황폐한 땅이라면 그 나무는 얼마나 생존할 수 있겠는가, 나무가 잘 자라도록 영양제를 준다고 해서 오래도록 건강하게 자라겠는가, 그렇지 않다. 우리 인체도 마찬가지다. 우리 몸의 뿌리와 같은 소장과 대장이 부패균으로 꽉 차있다고 가정해 보자. 소장은 영양분을 제대로 인체 내에 공급할 수 없을 것이며 대장은 부패균으로 인해서 독소로 가득 찰 수밖에 없다. 따라서 장내 세균총의 세균 질이 우리의 건강을 좌우하는 것이다.

지금까지 설명했듯이 입으로 들어간 음식물은 입과 위, 십이지장, 소장을 거쳐 분해, 소화된 후 영양소로 바뀌어 핏속으로 흡수된다. 그리고 소화되지 않고 남은 잔류물은 대장에서 세균총에 의해 발효와 부패 과정을 거치에 되며, 이로써 입으로 유입된 후 약 24시간 동안의 여행을 마치고 배설물이 되어 체외로 배출되는 것이다.

이 모든 과정에 절대적으로 기여하는 필수영양소가 있으니 그것은 다름 아닌 효소이지만 대부분의 사람들은 이 사실을 잘 모르고 있다. 효소가 무엇인지 잘 모르고 또 효소가 우리 몸 안에 존재하고 있는지, 그리고 음식물에도 효소가 들어있다는데 왜 추가로 먹어야 하는지를 잘 모르고 있는 것이 현실이다.

생명을 가능케 하는 물질,
효소

효소는 우리 몸에서 일어나는 모든 생화학 반응을 담당한다. 효소 없이는 인체 내에서 어떤 활성도 일어나지 않는다. 비타민도 미네랄도 호르몬도 효소 없이는 어떤 일도 할 수 없다. 즉 효소야말로 생명을 가능케 하는 물질인 것이다.

살아있는 모든 동물과 모든 식물의 몸속에는 효소가 존재한다. 논밭에서 나는 모든 곡물과 동물, 살아있는 물고기에도 효소가 존재하며 신선한 채소, 해조류, 과일에도 효소가 존재한다. 사람 몸 속에는 약 3천 종의 효소가 있는 것으로 현재까지 확인되고 있다.

고래 위 속에서 고래가 삼킨 수십 마리의 물개가 통째로 발견되기도 하고, 커다란 뱀은 살아있는 사슴, 돼지, 심지어 악어와 같은 큰 먹이를 통째로 삼키기도 한다. 어떻게 이런 큰 동물들을 고래와 뱀은 통째로 삼키고도 소화시킬 수가 있는지 생각해 본 적이 있는가. 산채로 삼켜진 먹이들은 몸속에 충분한 효소가 존재하기 때문에 스스로를 분해해서 고래와 뱀의 소화를 돕는다. 여기에 고래와 뱀의 몸속에 존재하고 있는 효소가 합쳐져 공동으로 서서히 먹이를 분해, 소화하는 것이다.

특히 동물이나 물고기의 내장에는 효소가 풍부하다. 그래서 사자는 사냥한 먹잇감의 내장부터 먼저 먹는 것이다. 그러나 사람은 채소나 과일, 해조류, 생선회, 육회 등 일부 음식물 외에는 날것을 거의 먹지 않는다. 생식의 절대량이 크게 부족한 식사를 하고 있는 것이다. 거기다 사람들은 효소가 파괴된 화식, 즉 효소가 없는 음식물을 주식으로 하고 있다. 그렇다고 해서 우리의 식습관을 모두 생식으로 바꾸는 것은 현실적으로 불가능하다. 생식이 몸에 좋다고 하지만 우리의 밥상을 생식으로만 채울 수는 없기 때문이다.

효소^{酵素, Enzyme}란 ?

백과사전에 의하면 효소란 각종 화학반응에서 자신은 변화하지 않으나 반응속도를 빠르게 하는 단백질을 말한다. 즉 단백질로 만들어진 촉매라고 할 수 있다. 일반적으로 화학반응에서 반응물질 외에 미량의 촉매는 반응속도를 증가시키는 역할을 한다. 생물체 내에서 일어나는 화학반응도 촉매에 의해 속도가 빨라진다. 특별히 생물체 내에서 이러한 촉매의 역할을 하는 것을 효소라고 부르는 것이다.

이 효소는 단백질로 이루어져 있기 때문에 무기촉매와는 달리 온도나 pH등 환경 요인에 의해서 그 기능이 큰 영향을 받는다. 즉 모든 효소는 특정한 온도 범위 내에서 가장 활발하게 작용한다. 대개의 효소는 온도가 35~45℃에서 활성이 가장 크지만 온도가 그 범위를 넘어서면 활성이 떨어진다. 온도가 올라가면 일반적으로 화학반응 속도가 커지고 효소의 촉매작용도 커지나 온도가 일정 범위를 넘으면 효소의 단백질 분자구조가 변형을 일으켜 촉매기능이 떨어지는 것이다.

또한 효소는 pH가 일정 범위를 넘어도 활성이 급격히 떨어진다. 효소의 작용은 특정구조를 유지하고 있을 때에만 나타나는데, 단백질의 구조가 그 주변 용액의 pH의 변화에 따라 달라지기 때문이다.

효소는 아무 반응이나 비선택적으로 촉매 하는 것은 아니다. 한 가지 효소는 한 가지 반응만을, 또는 극히 유사한 몇 가지 반응만을 선택적으로 촉매 하는 기질의 특이성을 갖고 있다. 기질이란 효소에 의해서 반응속도가 커지게 되는 물질, 즉 효소에 의해서 촉매작용을 받는 물질을 말한다. 효소에 기질특이성이 있는 것은 효소와 기질이 마치 자물쇠와 열쇠의 관계처럼 공간적 입체구조가 꼭 들어맞는 것끼리 결합하기 때문에 그 결과 기질이 화학반응을 일으키는 것이라고 설명하는 이론이 있다.

효소 가운데 비교적 잘 알려져 있는 것이 소화효소이다. 가령 침 속에 있는 프티알린(ptyalin)은 녹말만을 말토스(일명 맥아당)로 분해하는 촉매작용을 한다. 위속의 펩신(pepsin)은 단백질만을 부분 가수분해하는 기능을 갖고 있다. 여기서 프티알린은 분자의 입체구조가 녹말 분자와 꼭 들어맞는 구조를 하고 있어서 녹말만을 분해하는 것이며, 펩신은 단백질 분자와 꼭 들어맞는 구조를 하고 있기 때문에 위와 같은 기질특이성이 생기는 것이라고 해석된다.

효소가 화학반응 속도를 빠르게 하는 것은 일반 무기화학 반응에서 촉매의 작용 체제와 마찬가지로 활성화 에너지를 낮추기 때문이다. 즉 반응에 참여할 수 있는 분자의 수가 늘어나게 되어 생성물질이 만들어지는 속도가 빨라지는 것이다. 이는 무기화학 반응에서 온도가 높아지면 반응분자들이 열을 흡수하고 운동에너지가 커지게 되어 활성화 에너지 이상의 에너지를 가진 분자의 수가 많아져서 반응속도가 커지는 것과 같은 원리이다.

효소는 기질특이성을 갖고 있으므로 기질의 종류만큼 효소의 종류도 많다. 그래서 가령 A라는 물질이 B로 될 때는 그에 대한 효소 α가 있게 되고, B가 다시 C로 될 때는 또 이에 대한 효소 β가 있게 된다. 생물체 내에 존재하는 유기화합물의 종류는 수 없이 많고, 또 이 많은 화합물들이 여러 가지 반응에 참여하므로 생물체 내에 존재하는 효소의 종류도 헤아릴 수 없이 많다.

이 많은 효소를 구별하기 위해서 각 효소에 명칭을 붙이는데, 대체로 효소가 작용하는 기질의 명칭의 어미를 '~아제(-ase)'로 바꿔 명명한다. 예를 들면 말토스를 분해해서 포도당으로 만드는 효소는 기질인 말토스의 어미를 고쳐 말타아제(Maltase)라고 한다. 때로는 효소가 관여하는 반응의 종류를 표시하면서 어미를 역시 '~아제'로 바꾸어 부르기도 한다. 한 예로 수소이탈반응에 관여하는 효소는 수소이탈효소라고 부른다. 이 경우는 기질의 이름을 앞에 붙여 어떤 물질의 수소이탈반응을 촉진시키는 효소인가를 분명히 한다. 석신산의 수소이탈반응을 촉진시키는 효소는 석신산 수소이탈효소라고 부르는 것과 같다.

효소의 명칭에 이러한 법칙성을 정한 것은 효소가 많이 발견되면서 비롯된 것이다. 초기에 몇몇 효소들이 하나씩 발견되었을 때는 이러한 법칙성이 없이 명명되었으며 프티알린, 펩신 등은 이처럼 초기에 지어진 이름들이다.

현대에 와서 생체 내 물질대사가 깊이 연구됨에 따라 수없이 많은 효소들이 발견되었기 때문에 학자들은 효소가 촉매 하는 반응의 화학적 종류에 따라 효소를 크게 6군으로 나누었다. 그리고 이 6군의 각 군은 다시 몇 가지로 세분화되고, 또 각각을 세분하는 식으로 해서 4단계로 분류한다. 또 각 군에 1, 2, 3의 번호를 붙이고, 분류단계마다 마찬가지로 번호를 붙여 한 가지 효소는 4개의 숫자로 된 번호를 부여했다. 이 각 단계의 번호는 연달아 쓰되, 각 번호 사이에 점을 찍도록 되어 있다. 가령, 펩신의 번호는 3, 4, 4, 1로서 제3군에 속하고, 3군이 다시 세분된 것 중의 4군에 속하는 식으로 표시하는 것이다.

이중 가장 상위 분류인 6군은 다음과 같다.

• 제1군 산화환원효소: 산화환원 반응에 관여하는 모든 효소들을 포함한다.

• 제2군 전이효소: 어떤 분자에서 작용기(화학반응에 동시에 관여하는 몇 개의 원자의 집단)을 떼어 내어 다른 분자에 옮겨 주는 효소들을 포함한다.

• 제3군 가수분해효소: 고분자를 가수분해해서 저분자로 만드는 효소들을 포함한다. 가수분해는 물 분자를 첨가해서 큰 분자를 쪼개는 반응이다.

• 제4군 리아제(lyase): 기질로부터 가수분해에 의하지 않고 어떤 기基를 떼어 내어 기질분자에 이중결합을 남기거나 또는 이중결합에 어떤 기를 붙여 주는 효소들을 포함한다.

• 제5군 이성질화 효소: 기질분자의 분자식은 변화시키지 않고 다만 그 분자 구조를 바꾸는 데에 관여하는 모든 효소들을 포함한다.

• 제6군 리가아제(ligase): 합성효소라고도 부르는 것으로, ATP(아데노신삼인산)라는 물질 또는 이와 유사한 물질로부터 인산기燐酸基를 떼어 내면서 그때 방출되는 에너지를 이용해서 어떤 두 물질을 결부시키는 효소들을 총칭한다.

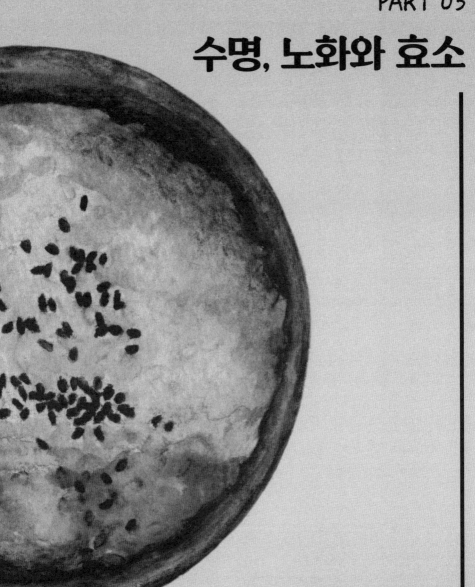

PART 03

수명, 노화와 효소

질병과 수명은 효소와
어떤 관계가 있는가

의성醫聖 히포크라테스는 일찍이 이렇게 설파했다.

'화식은 과식으로 통하며 과식이 병을 유발한다'

'병은 몸을 정화하는 증상이고 병상이란 몸이 병에 대응하는 방위수단이다. 많은 질병이 존재하는 것처럼 보이지만 실제로 병은 하나 밖에 없다'

또 50년 동안 효소를 연구한 미국의 에드워드 하웰 박사는 1985년, 자신의 연구를 집대성한 그의 저서 '효소영양학(Enzyme Nutrition Supplement)'에서 '효소의 부족이 질병의 원인이며 사람의 수명은 인체 내 효소의 절대량에 좌우 된다'고 서술하고 있다.

히포크라테스는 병을 부르는 것은 화식을 함으로서 인체에 가장 중요한 영양소인 효소가 없어진 것이 그 원인이라고 갈파喝破했고, 하웰 박사 역시 효소가 인간의 질병과 수명에 결정적인 영향을 미친다고 강조했다.

이제 사람들은 일상생활의 현실적인 제약으로 인해 바꾸기 어려운 우리들의 식생활 환경, 즉 음식물만으로는 충분히 섭취하지 못하는 효소를 별도로 섭취해야 하는 상황이 됐다. 대량생산, 대량유통은 바꿀 수 없는 현실이며 열처리되고 가공된 식품을 먹지 않을 수 없는 프레임 속에 우리 모두는 편입되어 있다. 이것이 피할 수 없는 현실이라면 우리는 현실에 대응해서 방어수단을 강구하지 않으면 안 된다. 열처리 되어 효소가 파괴된 식품을 어쩔 수 없이 섭취하더라도 효소를 별도로 우리 몸에 공급해줘야 하는 것이다.

인체 내에서 생성되는 효소는 필요한대로 충분한 양이 계속 생성되는 것이 아니다. 하웰 박사는 인체가 태생적으로 보유하는 인체 내의 효소의 절대량은 한정되어 있으며 이것을 잠재효소라고 표현하고 있다. 이 잠재효소는 소화효소와 대사효소로 구분된다. 소화효소는 음식물의 소화에 사용되고, 대사효소는 영양소를 변환해서 에너지를 생성하고 세포를 만드는데 사용되며, 또 인체 내의 면역기능을 유지하는데 사용된다.

우리가 섭취한 음식물에 효소가 충분히 들어있으면 인체 내에 저장된 소화효소와 대사효소의 사용량이 절약된다. 그러나 섭취한 음식물이 가열되어 조리된 음식이거나 공장에서 멸균처리 되어 대량생산된 가공품이라면 그 안에 효소가 존재하지 않기 때문에 인체 내의 효소만으로 소화가 이뤄져야 한다. 뿐만 아니라 인체 내의 소화효소마저도 부족한 상황이 되면 이번에는 대사효소가 분비되어 소화를 돕게 된다.

그런데 문제는 인체 내의 대사효소가 무한정 생산되지 않는다는데 있다. 소화효소가 부족해서 대사효소를 계속 가져다 쓰게 되면 대사효소의 절대량은 감소하게 되는 것이다. 앞서 말했듯이 인체 내의 약 60조 내지 100조 개에 달하는 세포는 잠시도 쉬지 않고 신진대사 작용으로 계속 새롭게 태어나고 있다. 그러나 대사효소가 부족하게 되면 인체는 아미노산 합성으로 새로운 세포를 계속 만들어야 하는 작업을 충분히 감당하지 못하게 된다. 또한 대사효소의 부족은 정상세포를 공격하는 몸 속의 활성산소를 제거하지 못하고, 이물질과 독성성분을 몸 밖으로 배출하는 능력을 떨어뜨린다. 결국 이로 인해 우리 인체는 대사효소의 부족으로 인체의 면역기능이 약화되며 신진대사도 원활하지 못해 몸은 질병에 취약해지고 수명 역시 짧아지게 되는 것이다.

최근 의학계의 연구에 의하면 효소가 함유되지 않은 음식물만을 섭취했을 경우, 타고난 수명의 절반에서 3분의 1밖에 살 수 없다는 보고가 있다. 따라서 효소야말로 인간의 수명을 본질적으로 좌우하는 유일하고도 가장 중요한 영양소인 것이다.

효소의 구성과
화학적 반응

효소는 생체촉매이다.

살아있는 생명력 그 자체이지만 열에 약해 섭씨 50도 이상에서는 사멸되기 시작한다. 효소의 외피는 단백질로 구성되어 있으며 그 모양이 동그란 구상을 하고 있다. 그리고 크기는 5~20 나노미터이다. 참고로 1나노미터는 1밀리미터의 100만분의 1이며 참고로 대장균의 크기는 2,000나노미터이다.

효소는 자신은 변화하지 않고 대상물질을 변화시킨다. 그리고 한 개의 효소는 한 개의 기질에만 반응한다. 효소에는 활성중심이라 불리는 오목한 부분이 있는데 이것은 효소의 작용에서 불가결한 것으로 이 부분이 자신이 목적으로 하는 특정 화학물질을 잡아 반응을 촉진하는 것이다. 효소는 이 오목한 부분으로 자신이 목적하는 특정물질 외의 물질은 잡을 수 없다. 즉 효소는 자신이 목적하는 물질을 엄밀하게 선택해서 이 오목한 부분으로 잡아들이는 것이다.

살아있는 촉매인 효소는 우리 인체 내에서 지금 이 순간에도 수천 개의 생화학반응을 동시다발적으로 진행하고 있는데 이 효소의 반응속도는 일반 화학반응의 10의 7승에서 10의 20승 배 정도로 우리의 상상을 초월한다. 달리 표현하면 10의 7승의 경우, 일반적인 화학반응에서 천만 시간이 소요되는 것을 효소는 한 시간에 수행한다는 것을 의미한다. 그렇다면 10의 20승은 도대체 얼마나 빠른 속도인가.

효소가 얼마나 빠른 속도로 화학반응을 진행하고 있는지 짐작하기가 어렵지 않을 것이다. 이처럼 몸 안에서 진행되는 효소의 신비스러운 활성이 있기 때문에 우리 인체는 균형을 이루고 생명이 유지되고 있는 것이다.

대사효소가 왜 중요한가

인체 내의 대사효소는 1930년 80개의 존재가 확인된 이후, 1968년까지 1,300종류, 그리고 현재는 약 3,000여 종이 확인되고 있다.

심장과 뇌, 폐, 신장, 혈액 등 인체 모든 부분에 존재하고 있는 대사효소는 우리 몸을 정상적으로 유지하고 노화를 방지하며, 병과 상처로부터 회복시키는 역할을 한다. 특히 이 대사효소 중의 SOD(Superoxide dismutase)는 활성산소를 제거한다.

활성산소는 인체의 대사과정 중에 소비하는 산소량의 약 2~5% 비율로 만들어지며, 에너지대사의 활성화와 혈액 내의 독성물질 연소 등에 사용된다. 그러나 과잉 생성된 활성산소는 체내의 지방과 결합하여 과산화지질을 만드는 등의 독성물질로 작용하게 된다. 이는 세포의 노화와 DNA의 변형을 일으키고, 혈관 벽에 상처를 내는 등 여러 가지 질병을 유발하며 주요 발암물질이 된다.

대사효소의 중요한 역할 중 하나가 신진대사이다. 대사효소는 소장에서 흡수된 영양소가 혈액을 통해 전신에 공급되면 단백질이 분해되어 생성된 아미노산을 여러 가지 조합으로 합성해서 인체 각 부위의 세포를 새로이 만든다. 대사효소는 보효소인 미네랄과 비타민의 도움을 받아서 이 과정의 역할을 수행하며, 효소가 부족하면 우리 몸이 새롭고 건강한 세포로 거듭날 수 없는 이유가 여기에 있는 것이다.

사람의 몸은 난자와 정자가 수정해 1개의 세포에서 출발하지만 성인이 되면 그 세포의 수는 약 60조 내지 100조개가 된다. 그런데 세포는 매일 2%씩 소멸하고 그 숫자만큼의 새로운 세포가 생성되고 있다. 따라서 전체 세포가 60조개일 경우, 신진대사는 매일 1조 2천억 개씩 진행되고 있는 셈이며, 이 새로운 세포를 만들기 위해 필요한 DNA를 복제하고 단백질과 지질을 합성한다. 이 같은 DNA복제와 단백질과 지질의 합성은 매우 복잡한 생화학 반응으로 각각 많은 효소의 촉매작용에 의존하고 있다.

이처럼 우리 몸의 세포는 지금 이 순간에도 계속 쉬지 않고 새로이 돋아나고 있지만 이 막중한 일을 효소가 수행하고 있다. 또 효소가 부족하면 새롭고 건강한 세포가 정상적으로 만들어지지 않는다. 아니 효소가 부족하면 당장 소화불량이 일어나고 이 소화불량이 질병을 초래한다는 사실도 간과하고 있을 만큼 우리는 효소의 중요성을 배우지 못하고 살아온 것이다.

노후를 대비해서
체내 효소를 아껴라

우리가 병에 걸리는 것은 체내에 존재하는 대사효소가 제 기능을 발휘하지 못하기 때문이다. 예전에는 병에 걸려 효소의 레벨이 감소한 것으로 이해되었지만 이제는 효소의 레벨이 감소하였기 때문에 병에 걸리는 것으로 밝혀진 것이다.

생명의 에너지 그 자체인 효소 레벨의 측정은 매우 어렵다. 거기다 우리의 몸은 사람에 따라 다르고 그때그때의 상황에 따라서도 다르다. 또 심신의 상태에 따라 우리 몸 안은 변화무쌍하게 변화한다.

예를 들어 극도의 스트레스를 받을 때도 그렇지만 흐르는 시간의 경과에 따라서도 체내의 pH환경은 변화한다. 우리 체내 환경은 산성과 중성, 알칼리성으로 나눠지는데 이 환경에 따라 효소활성이 달라지는 것이다. 이처럼 우리 몸 안에는 효소의 활성에 영향을 미치는 요인이 많이 존재하고 있다.

　우리 인간의 수명은 대사활동의 강도에 반비례한다.

　운동을 통해 대사를 활발히 하면서도 오래 사는 방법은 외부로부터 효소를 충분히 보급해서 소화효소의 분비를 최대한 적게 하고 인체 내에 본래 존재하는 대사효소를 온존시키는 것이다. 따라서 신선한 계절 채소와 과일을 많이 섭취하고, 효소보조식품을 매 식사 때마다 함께 먹으며 잠을 충분히 자는 것이 장수의 비결이다. 잠을 충분히 자는 것이 좋은 이유는 수면시간 중에 체내 효소의 소모를 줄일 수 있기 때문이다.

　또한 동물성 단백질은 적게 먹고 과식을 삼가며, 소화기관을 이따금씩 비워주면 천수를 누리는 건강한 삶이 보장된다.

　체력이 떨어지고 노쇠해지며, 병약해지는 것은 인체 내의 효소 생성 능력이 저하되고 고갈되어 생기는 현상이다.

　미국 시카고에 있는 마이클 리스(Michael Reese)병원의 메이어박사 (Dr. David Mayer)의 연구에 의하면, 사람의 침 속에 분비되는 아밀라아제 효소의 양은 젊은 사람이 69세 이상의 노인에 비해 30배나 많은 것으로 조사됐다. (이현재 박사-엔자임, 효소와 건강에서 인용)

　이처럼 인체 내의 효소 양은 나이가 들면서 급감하게 된다. 젊은 시기의 과식과 폭식, 동물성 단백질과 지방의 과다섭취, 기름과 설탕의 무절제한 섭취는 인체 내 효소 절대량의 감소를 촉진하게 되며, 나이가 들면 인체는 효소의 부족으로 인해 면역력이 결핍되고 병약한 체질로 변하는 것이다.

따라서 일생에 일정량밖에 없는 효소를 젊어서 무분별하게 대량 소모하는 것처럼 어리석은 일도 없다. 노후를 대비해서 아껴두어야 할 저금을 미리 꺼내 탕진해 버린 것과 다름이 없기 때문이다.

음식물의 소화에 사용되는 효소, 병에 걸렸을 때 치료역할을 하는 효소, 숨을 쉴 때마다 체내에 잔류하는 활성산호를 퇴치하는 효소, 보고, 듣고, 만지고, 얘기하는 인체활동을 위한 효소 등 효소는 한시도 쉬지 않고 우리의 몸속에서 활약하고 있다. 결론적으로 한정된 양의 체내 효소를 조기에 사용해 버리느냐, 잘 유지하면서 소중하게 아껴 사용하느냐에 따라 우리의 건강과 장수가 좌우되는 것이다.

노화는 왜 일어나는가

사람은 누구나 나이가 들면 늙어가는 것을 피할 수가 없다.

그렇다면 사람은 왜 늙는가. 예전에는 노화의 원인을 신경내분비, 스트레스, 면역, 유전자 프로그램, 체세포돌연변이, 유전자변형, 노폐물축적, 프리래디컬(Free radical), DNA의 장애 등에서 찾았다. 하지만 근래 들어서는 효소의 존재가 노화와 밀접한 관계가 있는 것으로 이해되고 있다.

프리 래디컬(Free radical)

유해산소라고도 한다. 우리가 호흡하는 산소와는 완전히 다르게 불안정한 상태에 있는 산소로서 환경오염과 화학물질. 자외선. 혈액순환장애. 스트레스 등으로 산소가 과잉생산된 것이다. 이렇게 과잉생산된 활성산소는 사람의 몸 속에서 산화작용을 일으킨다. 그 결과 세포막과 DNA, 그 외의 모든 세포 구조가 손상당하고 손상의 범위에 따라 세포가 기능을 잃거나 변질된다. 이와 함께 몸 속의 여러 아미노산을 산화시켜 단백질의 기능저하를 가져온다. 그리고 핵산을 손상시켜 핵산 염기의 변형과 유리, 결합의 절단, 당의 산화 분해 등을 일으켜 돌연변이나 암의 원인이 되기도 한다. 또한 생리적 기능이 저하되어 각종 질병과 노화의 원인이 되기도 한다.

그러나 활성산소가 나쁜 영향을 주는 것만은 아니다. 병원체나 이물질을 제거하기 위한 생체방어 과정에서 산소나 과산화수소와 같은 활성산소가 많이 발생하는데 이들은 강한 살균작용이 있어 병원체로부터 인체를 보호하기도 한다.

현대인의 질병 중 약 90%가 활성산소와 관련이 있다고 알려져 있다. 구체적인 질병으로는 암과 동맥경화증, 당뇨병, 뇌졸중, 심근경색증, 간염, 신장염, 아토피, 파킨슨병, 자외선과 방사선에 의한 질병 등이 있다.

따라서 이 같은 질병에 걸리지 않으려면 몸 속의 활성산소를 없애주면 된다. 활성산소를 없애주는 물질인 항산화물로는 비타민E와 비타민C, 요산, 빌리루빈, 글루타티온, 카로틴 등이 있다. 이 항산화물질들은 자연적인 방법으로 섭취하면 큰 효과가 있다.

노화는 인체가 보유하고 있는 잠재효소의 절대량이 감소되어 일어나는 것으로, 즉 인체 내 효소의 과다소모가 원인이라는 것이다. 이는 효소영양학에 근거한 학설로서, 효소가 다른 어떤 인자보다 훨씬 강력하게 노화에 관여하고 있는 것이다.

따라서 노화는 피할 수가 없지만 우리가 조금만 더 관심을 갖고 노력한다면 노화의 빠른 진행을 막을 수 있다. 그렇다면 우리는 어떤 노력을 기울여야 할까.

노화 예방 8원칙

- 생채소와 과일 등 매일 효소가 풍부한 음식물을 섭취할 것

- 노화를 유발하는 가열식, 가공식품, 흰 설탕(과자류에 함유된 것도 포함), 산화한 기름, 트랜스지방, 육류, 계란 등의 과식을 피할 것

- 잠자는 동안에는 효소의 활동을 멈춰 소모를 줄일 수 있으므로 충분한 수면을 취할 것

- 수면 전 3시간 동안에는 음식물을 섭취하지 말고 꼭 먹어야 한다면 소화가 잘되는 바나나 등을 소량 섭취할 것

- 효소기능성 식품을 매 식사 때와 취침 전에 섭취할 것

- 매일 충분히 걷는 등 적당한 운동으로 땀을 흘릴 것

- 하루 두세 번 양질의 배설을 할 것

- 스트레스를 쌓아두지 않을 것

노화를 예방하기 위해서 천연호르몬이나 SOD식품, 비타민, 미네랄, 파이토케미컬 등을 섭취해도 좋지만 가장 이상적인 것은 효소 기능성 식품과 생식이다. 효소가 노화예방에 가장 좋은 이유 중의 하나가 매우 강력한 항산화물질이기 때문이다. 따라서 젊어서부터 효소 복용을 생활화한다면 누구나 노화를 지연시키면서 건강한 삶을 영위할 수 있다.

효소가 부족할 때 일어나는 증상

- 식후의 졸림 증상, 트림과 많은 가스
- 복부팽만, 복부경련
- 설사, 변비, 배설물의 악취
- 식후의 권태감
- 식물 알레르기, 아토피, 천식
- 명치 언저리가 아픈 증상, 흉통
- 어지럼증, 피부의 거칠어지는 증상
- 생리통, 생리불순
- 어깨통증, 두통, 불면증
- 치질
- 위통, 체기(체한 느낌), 토기(토하고 싶은 느낌), 위의 불쾌감

효소 부족으로 일어나는 인체의 질병

- 급성 또는 만성 위염
- 급성 또는 만성 대장염
- 급성 또는 만성 췌장염
- 급성 또는 만성 담낭 담관염
- 위산 감소증
- 방광염
- 역류성 식도염
- 부정맥
- 동맥경화
- 메니엘병
- 치핵
- 류머티즘
- 천식
- 백내장
- 비염(화분증)
- 불임증
- 입덧
- 난소낭종
- 암

가열하거나 멸균 처리한 음식물에는 효소가 없기 때문에 이런 음식물을 섭취하면 인체 내 효소를 과도하게 소모하게 된다. 또 효소의 부족으로 소화가 불량해지며 이것을 돕기 위해서 인체의 치유시스템을 사용하게 되고 그 결과 인체의 면역력이 저하되는 것이다.

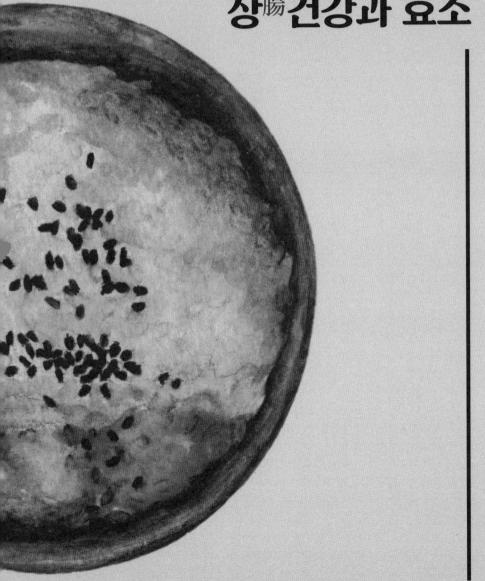

PART 04

장腸건강과 효소

동물성 단백질의
과다섭취가 왜 나쁜가

효소의 부족은 동물성 단백질 과다섭취가 최대 원흉이다.

예컨대 스테이크를 먹으면 완전히 분해되지 않은 채 질소잔류물(아미노산이 결합된 것)이 되어 몸속에 남게 되고 이 잔류물 형태의 파편은 혈액으로 흘러들어 간다. 이 단백질의 파편이 바로 수많은 질병의 원인이 되고 있는 것이다.

이 단백질의 파편은 고혈압과 당뇨, 암, 아토피 등의 생활습관병과 피부와 힘줄, 관절 등의 결합조직이 변해 교원섬유가 늘어나면서 생기는 교원병(膠原病-만성 관절류머티즘, 류머티즘열, 피부근염, 경피증, 다발성 동맥염 관절 등), 신장병腎臟病, 간장병肝臟病, 모든 종류의 알레르기, 기타 여러 통증 등의 질병을 유발한다. 이 같은 사실들은 이미 미국의 여러 연구기관에서 입증되고 있다.

동물성 단백질의 소화 분해가 제대로 이뤄지지 않으면 잔류음식물은 장내에서 부패를 유발한다. 그 결과 대장염과 위염, 담낭담관염(膽囊膽管炎-담낭을 중심으로 담도膽道에 생기는 염증, 원인이나 증상은 담관염과 비슷하며, 대개 담석증과 함께 발생), 췌장염(췌장에 생기는 염증, 췌장 괴사와 출혈이 따르며 몹시 배가 아프다. 담석증, 알코올 과다 복용 등이 원인), 위장병, 식도염, 게실염(憩室炎-식도의 어느 한 부분이 불룩하게 넓어진 것. 밥을 먹을 때에 눌리는 감, 가벼운 통증, 연하(입 속에 있는 음식물을 삼키는 동작)곤란 등이 있으며 입 안에서 썩는 냄새가 나는 증상), 간의 장애등 내장 질환을 직접적으로 유발한다.

동물성 단백질의 소화와 분해가 불량해지면 인체의 면역시스템에도 크게 영향을 미친다. 단백질의 파편(질소잔류물)은 장내에서 생성되는 면역물질과 접착해서 특수한 항체를 만드는 것으로 알려져 있다. 이 특수항체는 신장에 부담을 주게 되며 자기면역질환이나 백혈병을 일으키기도 하고 어떤 종류의 신경질환, 예컨대 다발성경화증(多發性硬化症-중추신경계 질환으로 뇌와 척수에 걸쳐서 작은 탈수脫髓 변화가 되풀이해서 산발적으로 일어나는 병. 눈의 이상, 지각장애, 언어장애, 운동실조, 운동마비, 배설곤란, 현기증 등 증상)을 일으키기도 한다. 다행히 이런 중병은 아니라도 면역력이 많이 떨어져 감기나 인플루엔자에 쉽게 감염되는 등 만병의 원인이 되는 것이다.

인체의 면역시스템을 파괴하는 동물성 단백질

영국의 촉망받던 천재 첼리스트 자클린 뒤 프레(Jacqueline Mary Du Pre)의 경우, 이 다발성경화증으로 말미암아 안타깝게도 요절하고 말았다. '우아한 영국 장미'라는 애칭으로 유명했던 그녀는 1961년 데 뷔하자마자 첼로의 대가인 파블로 카잘스나 로스트로포비치로부터 격찬을 받았으며, 23세에 피아니스트이자 지휘자인 다니엘 바렌보임과 결혼해 화제를 모았다. 그러나 행복은 오래가지 못했다. 1970년, 25세 밖에 되지 않은 그녀가 눈에 띄게 피로한 기색을 보이기 시작했다. 눈이 침침해졌고 손가락은 저렸고 걸음걸이도 이상해졌다. 그러다 첼로 연주 중에 활을 놓쳐버리는 사고가 난 후에야 정밀진단을 받았더니 '다발성경화증'이라는 병이었다. 결국 그녀는 28세에 연주를 포기했고, 42세에 세상을 떠났다.

과로하거나 몸이 너무 피곤하면 근육이 굳어진다든지 눈이 침침해지는 것 같은 증상을 누구나 경험하곤 하지만 대개는 일과성으로 치부하고 만다. 하지만 전문의들은 이런 증상이 24시간 이상 지속되고 여러 부위에 반복적으로 나타난다면 다발성경화증을 의심해봐야 한다고 말한다.

다발성경화증은 몸의 여러 부위가 점점 굳어가는 병으로 피로감과 신경성 통증, 마비, 시야혼탁 현상 등이 갈수록 심해져 일상생활을 제대로 못하게 될 수도 있다. 그런데 이 병은 엉뚱하게도 우리 몸의 면역 체계가 외부의 적이 아니라 스스로를 공격해서 생기는 자기면역질환의 하나이다. 병이 진행되면 뇌에서 팔과 다리 등 신체 말단으로 연결되는 신경망이 손상되고 이로 인해 뇌의 신호가 잘 전달되지 않아 마비가 나타나는 것이다.

다발성 경화증은 전 세계적으로 2백50만 명, 국내에는 약 2천3백여 명의 환자가 있는 것으로 추정되고 있다. 이 병은 전 연령대에 걸쳐 나타나지만 젊은 층이 유난히 많은 것이 특징으로 전체 환자의 40~50%가 20대와 30대이다.

서울아산병원 신경과 김광국 교수팀이 이 다발성경화증 환자 170명을 조사한 결과 이중 28%는 시야가 뿌옇게 되거나 일시적으로 안 보이는 경험을 했다고 응답했다. 또 팔다리에 갑작스런 마비가 오거나 심하게 떨렸다(25%), 팔다리에 통증을 느꼈다(12%), 대소변 기능에 장애를 느꼈다(6%), 사지가 **뻣뻣**해지는 것을 경험했다(2%), 전신 피로감을 심하게 느꼈다(1%), 평소보다 발음이 불분명해지거나 말의 리듬이 이상해졌다(1%)등의 답변도 나왔다.

이 다발성경화증도 조기발견이 매우 중요하다. 하지만 대부분의 환자들은 단순 허리디스크나 신경성 통증, 시력 이상으로만 생각해 발견 시기가 늦다. 김광국 교수는 '환자의 96%가 진단될 때까지 다발성경화증이란 병명을 처음 들어봤다고 한다'고 말했다.

자기공명영상(MRI), 뇌척수액 검사, 시각, 청각, 체성감각 유발 전위 검사 등을 통해 다발성경화증으로 진단될 경우, 베타 인터페론 등 면역조절제제를 투여하면 증상의 악화를 늦출 수 있다. (심재훈 헬스조선 기자/2009.5.27. 기사 인용)

큰 입자의 단백질 파편도
장벽을 통과한다

미국 의학계에서 발표된 보고서 가운데 장관투과성腸管透過性의 항진에 관한 내용이 있다.

인체의 장벽은 이물질이 들어오지 못하게 하기 위해서 방어벽을 구축해서 막고 있다. 그래서 예전에는 단백질 파편은 장과 위의 벽을 통과할 수 없고 장과 위 벽은 미분자 이외의 큰 입자는 통과시키지 않는 것으로 알려져 있었다. 단백질의 경우 분해되면 아미노산이 되고, 지방은 글리세롤과 지방산, 탄수화물은 글루코스(포도당)가 되며 이것들이 미분자에 해당된다. 그런데 미국 의학계의 보고서에 의하면 장이 염증을 일으키면 염증이 발생한 부위를 통해서 비교적 큰 입자도 통과한다는 것이 밝혀졌다. 바로 이것이 '장관투과성의 항진'이다.

그렇다면 장에 염증을 일으키는 음식물은 어떤 것이 있을까. 그것은

정제된 흰 설탕과 흰 소금, 화학조미료, 육류, 생선, 계란 등 고단백식,
해열진통제, 고염분 등이 있다.

이런 음식물이 장에 염증을 일으키면 평소 통과하지 못하는 비교적
큰 분자, 예컨대 단백질 파편인 폴리펩타이드(Polypeptide)가 통과하
게 된다. 이렇게 해서 통과한 파편이 혈액 속으로 흘러 들어오면 항체는
이것을 이물질로 인식하고 먹어치우게 되며 이로 인해 알레르기가 유
발되는 것이다.

잘 알다시피 천식과 아토피성 피부염, 알레르기성 비염 등 알레르기
는 장의 상태와 매우 밀접한 관계에 있다. 단백질 파편은 장내에서 부패
하기 때문에 당연히 변비와 설사, 악취 나는 가스를 수반하게 된다. 이
런 증상이 생기면 당연히 장에 염증을 일으키는 음식물의 섭취와 특히
동물성 단백질 섭취를 줄여야 한다.

장腸이 뇌腦를 지배한다

우리 몸의 장내에 유익균이 많아지고 필수영양소인 효소와 비타민, 미네랄, 그리고 식이섬유를 충분히 섭취해 장내가 건강하면 인체의 면역력이 강화되고 더불어 몸도 건강해진다는 것은 주지의 사실이다. 그런데 인체 내 조직은 서로 연관된 유기체로서 하나의 조직 또는 기관이 쇠약해지면 몸 전체에 영향이 미치게 된다. 즉 장의 기능에 이상이 생기면 이 이상은 몸의 다른 기관에도 즉각 전염된다.

장은 인체의 토양이다. 토양의 좋고 나쁨이 곡물이나 과일의 수확을 좌우하듯이 장의 상태는 우리 몸 전체의 건강을 결정한다. 하지만 장내 균총에 가장 영향을 미치는 것이 효소라는 사실을 알고 있는 사람은 많지 않다. 효소의 결핍은 인체 내의 비타민, 미네랄의 작용과 연관되어 있다. 비타민과 미네랄 등 거의 모든 미량영양소는 단백질 및 단백질과 미량영양소가 혼합된 것과 결합한다. 그러나 이렇게 결합된 물질도 소화효소와 염산, 장액이 없으면 분해되지 않는다.

그런데 특기할 사항은 장에도 센서가 있다는 사실이다. 입 안의 혀처럼 장에도 식품의 성분이나 화학 물질을 감지하는 기능이 있어서 그 정보를 뇌에 전달한다.

장은 위로 음식물이 들어온 것을 감지하면 아세틸콜린(Acetylcholine)이라는 전달물질을 부교감신경(자율신경의 일종)에서 분비시켜 미리부터 장의 운동을 촉진시킨다. 음식물의 소화흡수 활동을 활발하게 하기 위한 것이다.

아세틸콜린(Acetylcholine)
콜린의 아세트산에스테르로, 화학식 $H_3COOCH_2CH_2N(CH_3)_3OH$인 염기성 물질로서 동물에서는 신경조직에 존재하며 식물에서는 맥각(麥角) 등에 들어 있고, 신경의 말단에서 분비되어 신경의 자극을 근육에 전달하는 화학물질이다.

또 장은 신경을 흥분시키거나, 억제하거나 하는 아드레날린(Adrenaline)이나 노르아드레날린의 분비에도 관여한다.

인체의 소장 내벽에 있는 상피세포막에는 영양소를 운반하는 단백질(Transporter)이 있는데 이 단백질은 각각의 영양소를 스스로 구분하고 인식해서 소장 벽을 통해 혈관과 림프관으로 운반한다.

아드레날린(Adrenaline)

부신수질에서 분비되는 호르몬으로 에피네프린(Epinephrine)이라고도 한다. 화학식은 $C_9H_{13}O_3N$으로서 1901년 일본인 다카미네 조키치(高峰讓吉)에 의해 부신수질에서 염기성 물질로서 순수하게 분리됐다. 천연으로 존재하는 것은 L형(좌회전성)뿐이며 유기합성된 D형(우회전성)보다 약 15배나 생리적인 활성이 강하다. 메틸기가 떨어진 노르에피네프린(노르아드레날린)도 같은 활성을 나타내지만, 에피네프린보다는 약하다.

이 에피네프린에는 신경에 대한 작용과 호르몬 작용이 있으며, 중추로부터의 전기적인 자극에 의해 교감신경 말단에서 분비돼 근육에 자극을 전달하는 역할을 한다.

에피네프린은 교감신경이 흥분한 상태, 즉 스트레스를 받게 되면 뇌나 뼈대 근육부분의 혈관을 확장시켜 근육이 스트레스에 잘 대처하도록 하고, 동시에 다른 부분의 혈관을 수축시켜 스트레스 반응과 직접적으로 연관되어 있지 않은 소화활동 등의 반응을 감소시킨다. 교감신경이 흥분하면 심장의 박동이 빨라지고 모세혈관이 수축하기 때문에 혈압이 상승한다. 부교감신경이나 운동신경에서는 아세틸콜린이 이 구실을 하고 있다.

한편 호르몬으로서는 부신수질에 다량 함유되어 혈당량을 조절한다. 글리코겐을 분해하는 효소인 포스포릴라아제는 아데닐산에 의해서 활성화되는데 에피네프린과 췌장의 랑게르한스섬에 있는 α세포에서 분비되는 글루카곤이 이 작용을 도와 포스포릴라아제의 활성을 높인다. 그 결과 간이나 골격근에서의 글리코겐의 분해가 촉진되어 혈액 속의 당이 증가하게 된다. 또 동시에 뇌하수체의 당질대사 호르몬과 부신피질의 당질코르티코이드 등도 혈당량을 증가시키는 작용을 한다.

그런가하면 반대로 췌장의 랑게르한스섬의 β세포에서 분비되는 인슐린은 혈액 속의 당의 양을 감소시키는 작용을 한다. 따라서 이들 호르몬의 공동작용에 의해서 혈액 속의 당의 농도가 일정하게 유지되는 것이다. 생체 내에서의 합성은 타이로신에서 노르에피네프린을 거쳐 이뤄지고 분해는 수산기(水酸基)가 메틸화되어 활성을 상실한 다음, 아민산화효소의 작용에 의해 이뤄진다.

형태는 흰색의 가루로 공기 중에서 산화되어 갈색으로 변한다. 물에 녹기 어렵고, 에탄올이나 에테르 등에도 녹지 않는다. 또한 염화철의 수용액을 가하면 산성에서는 녹색, 알칼리성에서는 분홍색의 발색반응發色反應을 일으키는데 의약품에서는 이것을 보통 염산에피레나민이라고 해서 안정제와 보존제를 더해 1,000배 용액으로 만들어 사용한다.

염산에피레나민은 위산에 의해서 분해되므로 내복약으로 사용하지 않고 교감신경 흥분제, 혈관수
축제, 혈압상승제로 사용하며, 출혈을 멎게 하고 기관지 천식의 발작에 효과가 있다. 주사제와 도포
제, 스프레이제도 있지만 자주 사용하게 되면 불안과 두통, 불면, 가슴이 두근거리는 등의 부작용이
따른다.

또 다른 중요한 기능으로는 장으로 운반되어온 음식물 성분을 재빨리 인식하고 췌장과 간장, 담낭 등에 지령(신호)을 보내 소화액을 분비시킨다. 그리고 장은 유해물질의 차단기능도 갖고 있다. 섭취한 음식물에 유해물질이 들어있으면 장은 많은 양의 물을 분비해서 씻어 흘려내리 듯이 유해물질을 체외로 배출시키는 것이다.

장이 이처럼 각종 신호를 인체 내에 전달하는 능력과 기능을 보유하고 있기 때문에 장은 뇌의 원형이라고도 일컬어지며 '장은 뇌도 지배하는 기능이 있다', '인체기관 중 으뜸가는 뇌는 장이다'라고 말하는 것이다.

장의 청소부는
효소와 식이섬유

장은 20종의 호르몬을 분비하고 췌장과 간장의 기능을 높이며 소화, 흡수를 촉진한다. 그리고 많은 신경세포가 분포되어 실로 복잡한 일들을 책임지고 있다. 그런데 이처럼 많은 기능과 역할을 수행하고 있는 장에 유해물질이 남아 유해균이 증식되는 등 장내환경이 나빠지면 당장 이상이 오고 면역력 또한 서서히 약해지기 시작한다. 그리고 잠시도 쉬지 않고 장의 지령을 받아 기능하는 간장과 췌장 등의 내장기관들이 약해져서 체력의 저하를 불러온다.

이와 같은 현상을 예방하기 위해서는 면역기능에 관여하는 장내 세균인 유익균을 증식해야 한다. 유익균의 증식에는 채소와 버섯류, 곡물을 많이 섭취하는 것이 좋으며 특히 현미는 유익균의 증식에 매우 뛰어난 식품이다.

사람의 장은 길이가 약 10미터 정도인데, 장의 안쪽 벽은 매일 깨끗하게 청소가 이뤄지도록 해서 유익균이 많이 살 수 있는 환경을 만들어 줘야 한다.

장을 항상 깨끗한 상태로 유지하느냐, 그렇지 않느냐는 전적으로 식습관에 달려있다. 즉 평소 효소와 식이섬유를 충분히 섭취해야하는 것이다. 효소는 장내 잔류 음식물을 분해하고, 또 식이섬유는 분해되지 않고 남아있는 잔류물과 세균의 시체를 함께 안고 체외로 배출하는 기능이 있다.

식이섬유의 부족은 변비의 원인이 되며 육식의 과다섭취는 장내에 인돌(Indole), 스카톨(Skatole), 유화수소, 암모니아 등의 유해가스를 발생시킨다. 이들 유해물질은 장에서 간으로 운반되어 저장되며 전신에 악영향을 미쳐 우리 몸을 병들게 한다.

인돌(indole) ──────────────────────────────

화학식 C_8H_7N. 불쾌한 냄새가 나며, 스카톨과 함께 대변의 냄새 원인이 되지만, 순수한 상태나 미량인 경우는 꽃냄새와 같은 향기가 난다. 물에는 잘 녹지 않으나 유기용매에는 녹는다. 콜타르·재스민 등 식물성 향유, 썩은 단백질, 포유류의 배설물(대변) 속에 존재한다. 트립토판·알칼로이드·인디고 등의 구조에서 뼈대를 이루고 있는 물질이기도 하다. 유도체 중에는 트립토판(아미노산)·인돌아세트산(식물호르몬)·스트리크닌(알칼로이드) 등 중요한 것이 많다. 1868년 독일의 화학자 A바이어가 인디고를 아연말亞鉛末과 함께 증류하여 환원시킴으로써 처음으로 추출하였다.

또한 육식이나 백미, 빵, 껍질을 깎은 과일 등은 변비를 초래하는 원인이 되기도 한다. 대장의 벽은 울퉁불퉁하기 때문에 음식물의 입자가 거친 잔류물은 잘 밀어내지만 그렇지 않은 잔류물은 쉽게 밀어내지 못해 변비를 불러오는 것이다.

따라서 이런 현상을 예방하기 위해서는 효소와 더불어 식이섬유를 충분히 먹어줘야 하며, 식이섬유가 많이 함유된 식품으로는 각종 곡물과 고구마 과에 속하는 채소 등의 뿌리 식물, 해조류 등이 있다.

장의 청소부인 식이섬유를 충분히 섭취하게 되면 무엇보다 먼저 배변량이 늘어난다. 그리고 이처럼 배변량이 늘어남으로 인해 장내에서 부패를 일으키는 부패균이 줄어들고 유익균이 늘어나는 등 장내 세균총이 정상화된다. 또한 장의 벽이 깨끗해지고 유익균이 늘어남으로써 필요한 영양소의 흡수가 용이해지게 된다.

그런데 식이섬유가 든 식품은 식사를 할 때 오래 잘 씹어 먹는 것이 중요하다. 잘 씹지 않으면 효소의 반응이 따라가지 못해 이상 발효를 일으켜서 장내에 대량의 가스를 발생시키게 된다. 하지만 꼭꼭 잘 씹어주면 침에서 배출되는 프티알린(Ptyalin)과 아밀라아제 효소가 많아져서 소화가 원활하게 되는 것이다.

프티알린(Ptyalin)

녹말을 당으로 변화시키는 포유류의 침 속에 들어 있는 아밀라아제로서 췌장액 속에 함유되어 있는 아밀롭신과 마찬가지로 α-아밀라아제이다. 녹말을 가수분해해서 말토스로 만드는 작용을 하는데, 이 작용은 구강 내에서는 충분히 진행할 시간이 없고, 보통 위액이 강한 산성으로 변할 때까지 15~20분간 위 안에서 소화를 계속 진행한다. 이 프티알린은 염소이온 등 무기이온에 의해 활성화되며 식염이 있는 상태에서 작용하는데 최적 수소이온농도(pH)는 6.9이다.

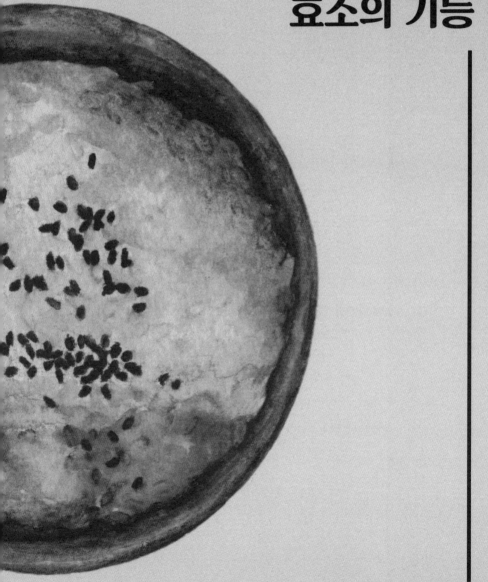

PART 05

효소의 기능

신비로운 효소의 세계

효소는 1785년 이탈리아의 라자로 스팔란차니(Lazzaro Spallanzani)가 처음 발견했다. 즉 위액인 펩신을 발견한 것인데 이때는 지금처럼 '~아제'라는 명칭이 붙기 전이었다. 그 후 1833년에는 프랑스의 페이안과 베루소가 공동으로 디아스타제, 즉 아밀라아제를 발견했다. 또한 1926년 미국의 섬너는 콩에서 우레아제라는 효소를 결정체로 추출했는데, 이때 효소가 단백질임을 밝혀냈다.

효소의 영어 표기 엔자임(Enzyme)은 희랍어에서 유래한 것으로 효모의 안에 있는 어떤 물질이라는 의미이다. 참고로 알코올을 생산하는 공정에는 효모가 이용되고 있는데 이 효모 안에 12가지 효소가 작용한다.

우리 인체 내에는 수천 종의 효소가 존재하며 사람이 생존하기 위해
몸 속에서는 수천 가지의 생화학반응을 동시다발적으로 진행하고 있
다. 그리고 이 모든 반응은 각각 독립적으로 진행되고 있다.

탄수화물은 아밀라아제가 작용해서 글루코스(포도당)로 분해되고 지
방(기름)은 리파아제에 의해 알코올과 지방산으로 분해된다. 또 단백질
은 프로테아제에 의해 아미노산으로 분해된다. 그리고 섬유질은 셀룰
라아제에 의해 분해되는데 이는 복합탄수화물로서 사람과 같은 잡식동
물은 해당되지 않고 초식동물에게만 해당된다.

효소의 분류

- 산화환원효소: 산소나 수소, 또는 전자를 붙이거나 떼는 산화, 환원반응을
  수행한다.
- 전이轉移효소: 화합물 간에 원자 또는 원자의 그룹基을 옮기는 작용을 한다.
- 가수加水분해효소: 고분자를 가수분해해서 저분자로 만드는 효소들을 포함
  한다. 가수분해는 물 분자를 첨가해서 큰 분자를 쪼개는 반응이다. 물을 사
  용해 화합물을 분해한다.

- 탈리脫離효소/리아제(Lyase): 기질로부터 가수분해에 의하지 않고 어떤 기를 떼어 내어 기질분자에 이중결합을 남기거나 또는 이중결합에 어떤 기를 붙여주는 효소들을 포함한다. 화합물에서 반응기를 잘라낸다.

- 이성질화異性質化효소: 기질 분자의 분자식은 변화시키지 않고 다만 그 분자 구조를 바꾸는 데에 관여하는 모든 효소들을 포함한다. 화합물의 분자량은 같고 구조를 바꾸는 작용을 한다.

- 합성合成효소/리가제(Ligase): ATP(아데노신삼인산)라는 물질 또는 이와 유사한 물질로부터 인산기燐酸基를 떼어내면서 그때 방출되는 에너지를 이용해 어떤 두 물질을 결합시키는 효소들을 총칭한다. 화합물과 화합물을 결합하는 것이다.

아데노신삼인산(ATP-Adenosine triphosphate)

고에너지 화합물질로서 우리 체내에 존재하며 에너지원으로 이용되는 매우 중요한 화합물이다. 이 ATP를 분해하면 에너지가 생산되는데 이 에너지로 우리는 목소리를 내고 걷는 등의 행동을 할 수 있다. ATP는 세포 내에 존재하며 각종 인체의 반응에 에너지를 공급해서 우리가 살아 숨 쉬는 것 등 모든 생명활동을 가능하게 한다.

ATP는 살아있는 물고기의 세포에도 존재하며 물고기가 살아있을 때는 세포 내에서 이 ATP가 계속 생산된다. 하지만 물고기가 죽으면 영양과 산소의 공급이 중단되기 때문에 ATP의 생산도 중단된다. 이렇게 되면 ATP는 세포 내에서 분해되어 ADP(아데노신2인산)라는 화합물로 변환된다. 그리고 이것이 다시 변화되어 AMP(아데노신1인산)가 된다. 그런 다음 감칠맛 성분으로 알려진 이노신산(가츠오부시 맛)이 생성된다. 이것은 다시 이노신, 히포키산틴, 그리고 마지막으로 요산으로 변화하는데, 이 ATP가 어디까지 분해되었는지를 분석하면 생선의 선도를 화학적으로 정확하게 알아낼 수 있다.

ATP는 생물체 내의 에너지의 화폐라고 생각하면 된다. 생물은 호흡을 통해 유기물을 분해하면서, 그때 나오는 에너지를 이용해 ADP를 ATP로 만들고 이를 저장한다. 그러다 에너지가 필요하면 다시

ATP를 가수분해해서 ADP로 만들면서 에너지를 만들어낸다. 일을 해서 돈을 벌어 저금해두었다가 필요할 때 인출해서 쓰는 것과 비슷하다.

즉 ATP는 가치의 저장수단인 화폐처럼 에너지의 저장수단인 것이다. 저장수단은 대량의 에너지를 저장할 수 있고 필요할 때 쉽게 방출시킬 수 있어야 유용하게 쓰일 수 있는데, ATP는 이러한 조건을 모두 갖춘 적절한 물질이다. ATP는 작은 분자이면서 고에너지를 저장하고 있는 물질이며 ADP를 인산화시켜 쉽게 저장할 수도 있고, 다시 가수분해를 통해 쉽게 에너지를 방출한다.

효소의 생성

지구상에 존재하는 모든 생명체에는 반드시 효소가 있다.

효소는 단백질로서 20종의 아미노산으로 이뤄져 있다. 예를 들어 대장균에는 2천 종류 정도의 효소가 존재하고 있는데 이 효소는 유전자에 쓰인 설계도에 따라 생산된다.

1865년, 멘델은 어떤 요소가 다음 대에 전달되는 유전의 법칙을 발견했다. 이 요소에 해당하는 것이 DNA이다. 1953년 왓슨과 크릭은 DNA(데옥시리보핵산)구조로서 2중나선 모델을 제안했다.

지구상의 모든 생물은 DNA라고 하는 4종의 염기로 구성되는 유전자를 갖고 있다. DNA는 염기라는 화합물 즉, 인산과 당이 결합해서 구성된 것으로 이 4종의 염기 중에 구아닌(Guanine)과 시토신

(Cytosine), 그리고 아데닌(Adenine)과 티민(Thymine)은 2중 쇠사슬 모양으로 서로 결합된 나선구조를 하고 있다. 이 4종의 염기배열 방법에 따라 아미노산이 지정되며, 유전자에 쓰인 암호가 효소를 만들기 위한 아미노산 배열의 순서를 결정하는 것이다.

염기의 배열, 즉 효소의 유전정보는 DNA에서 받아 전령傳令 RNA라는 물질이 만들어진다. 이 RNA는 리보솜(Ribosome)이라고 불리는 단백질 제조공장으로 가서 결합되고, 그 암호에 따라 끝에서부터 아미노산을 운반하는 전이RNA가 결합된다. 아미노산과 아미노산들이 결합해서 아미노산의 뭉치, 즉 폴리펩타이드(Polypeptide)를 생성한다.

폴리펩타이드는 리보솜에서 분리되고 수중水中에서 안정적인 구상球狀이 되어 특정기능을 가진 효소가 되는데 경우에 따라서는 몇 개의 구상 단백질이 모여 한 개의 효소를 형성하기도 한다.

이렇게 만들어진 효소는 예컨대 고초균枯草菌의 경우와 같이 균의 몸체 안에 머물게 되면 '균체내 효소'라고 하고, 세포막을 통과해서 몸체 밖으로 배출되면 '균체외 효소'라고 한다. 그리고 특정효소의 유전자가 결정되면 그 유전자를 대장균 또는 고초균 등 미생물에 이식해서 효소를 대량 생산할 수 있게 되는 것이다.

효소의 아미노산 배열이 처음 밝혀진 것은 1963년으로 이 효소를 리보뉴클레아제(Ribonuclease)라고 하며 입체적인 효소의 구조가 처음 밝혀진 효소는 아미노산 129개로 조성된 감기약 리조팀(Lysoteam)이다.

효소의 놀라운 힘

효소는 열과 알칼리, 산에 약하기 때문에 안정성을 유지해야 하는 문제가 있다. 하지만 유전자공학을 응용해 효소를 유전자 레벨에서 개량하면 보다 안정된 구조를 가진 효소를 만들 수 있다. 이 같은 기술을 단백질공학이라고 하며 부가가치가 높은 미래 산업으로 주목 받고 있는 것이다.

효소는 앞서 말한 것처럼 통상적인 화학반응의 10의 7승(천만 배)에서 10의 20승(100억의 10승 배)정도로 빠르게 반응하는 촉매 기능을 갖고 있다. 예를 들어 카탈라아제(Catalase)라는 효소는 1초 동안에 90,000개의 과산화수소분자(활성산소)를 분해하는 능력이 있다. 활성산소는 우리 인체 내에서 살균작용을 하는 유익한 물질이다. 그러나 필요 이상으로 생성되면 암과 같은 질병을 유발하기도 한다.

어떤 물질이든지 화학반응을 하기 위해서는 에너지가 필요하다. 이 에너지를 활성화에너지라고 하는데 화학반응을 일어나게 하기 위해서는 이 에너지의 벽을 뛰어 넘어야 한다. 그런데 효소는 이 활성화에너지를 낮은 수준으로 만드는 기능을 갖고 있다. 예를 들어 과산화수소를 분해하기 위해서 필요한 활성화에너지는 75킬로 joule(에너지 및 일의 단위)인데 카탈라제를 작용시킬 경우, 7킬로 joule이면 된다. 즉 효소는 활성화에너지가 10분의 1이면 되는 것이다.

카르보닉안히드라제라고 불리는 탄산탈수炭酸脫水효소 1개는 1초에 60만개의 이산화탄소와 물을 반응시킬 수 있다. 즉 이산화탄소는 이 효소에 의해서 탄산이온으로 변환되어 혈액에 녹기 쉽게 되며 정맥을 통해서 폐로 이송돼 체외로 배출된다. 효소가 없는 경우에 비해서 1,000만 배나 빠른 속도로 반응을 촉진하는 것이다. 이것이 효소의 힘이다.

효소의 특징은 그 빠른 속도 외에 또 하나, 특정 화학물질에만 반응하는 성질이다. 예를 들어 탄소 12개로 구성되는 물질로 자당蔗糖인 슈크로스(사탕수수, 사탕무 등의 식물에 들어 있는 이당류), 말토스(맥아당), 락토스(유당)가 있다.

하지만 효소는 이들 각각의 물질을 정확히 인식해서 각각 따로 빈틈 없이 반응을 진행하는 능력이 있다. 이처럼 효소는 극히 선택적으로, 밑기 어려울 정도의 빠른 속도로, 그리고 아주 온화한 조건하에서 반응을 진행시키는 것이다.

효소는 상온과 1기압, 중성中性등 매우 온화한 조건하에서 반응을 진행한다. 이 때문에 현재 화학공업에서 사용하고 있는 무기화합물이 까다로운 조건하에서 반응이 이루어지는 것과는 달리 순간적으로 엄청난 규모의 생화학반응을 할 수 있는 것이다.

미생물과 효소

    효소는 미생물을 이용해 생산하는데 이 미생물도 세포 내에 효소를 갖고 있으며 또 효소를 세포 밖으로 배출한다. 미생물은 20분에 1번씩 분열하는 특징이 있다. 1개의 미생물은 5시간이 경과하면 3만 개의 미생물로 분열해 새로이 탄생하게 된다. 따라서 어떤 특정 목적을 갖고 얻고자 하는 효소가 있을 경우, 균체 밖으로 효소를 배출하는 미생물을 대량으로 배양해서 그 배양된 물질을 정제하면 단시간에 많은 양의 효소를 얻을 수 있다.

    현재 전 세계적으로 약 400종류 이상의 효소가 공업적으로 생산되어 시장에서 유통되고 있다. 효소는 산성과 열에 약하다. 따라서 세제의 경우 알칼리성에서 기능하는 효소를 사용한다. 즉 알칼리성 조건하에서 생육되고 있는 미생물이 만드는 효소를 사용하는 것이다. 이 세제에는 프로테아제와 리파아제가 혼합돼 있어서 옷에 묻은 단백질과 기름을 분해한다.

각각의 제품과 용도 별로 사용되는 효소는 아래와 같다.

- 맥주: 베타 글루카나아제, 알파 아밀라아제, 글루코아밀라아제, 프로테아제 사용
- 입욕제: 프로테아제 첨가
- 치약: 데키스토라나아제 사용
- 항생제: 페니실린아시라아제 효소로 만든 아스피린계
- 위장약: 타카디아수타아제 사용
- 감기약: 리조팀 효소 포함
- 틀니 세제: 프로티아아제 함유
- 식품 선도 보존용: 글루코스 옥시다아제

기타 여러 가지
효소와 아미노산

- 파파인: 육질을 딱딱하게 하는 원인 물질인 엘라스틴을 분해

- 파파인·브로멜라인·프로테아제: 콜라겐을 분해

- C-S 리아제: 양파에서 나는 냄새는 이 효소의 작용으로 발생

- 아리이나제: 마늘에 작용해서 냄새를 내게 하는 효소

- 된장: 국균麴菌을 이용해서 발효한 것. 보리, 쌀, 대두를 원료로 해서 여기에
  아스페르질러스오리제균을 접종해서 발효시켜 국을 만들고, 이 국을 증자
  한 대두, 식염, 효모균과 섞어 숙성시킨 것이 된장이다. 즉 국균에 의해 생산
  된 아밀라아제에 의해서 전분이 당화되어 글루코스가 되고 이것이 효모에
  의해서 발효되어 된장이 되는 것이다.

- 간장: 대두와 보리 혼합물에 국균을 접종해서 발효시킨 것으로 간장은 아스

페르질러스 쇼야균을 접종한다. 그리고 식염, 유산균, 효모를 첨가해서 모로미를 만들며 이것을 숙성시키면 간장이 된다. 간장의 맛은 효모가 생산한 알코올, 글리세롤, 아미노산, 유기산에 의해서 결정된다.

(모로미: 대두와 소맥분을 발효시켜서 만든 것으로 주로 간장을 만들 때 쓴다. 청주를 만드는 쌀누룩도 모로미라고 한다.)

우리 몸은 20종의 아미노산으로 구성되어 있고 , 이 가운데 12종은 체내에서 생성되며 생성이 안 되는 8종은 필수 아미노산으로 체외에서 흡수해야 한다.

필수 아미노산 종류

- 트립토판(Tryptophane)
- 라이신(Lysine)
- L-루신(L-Lucine)
- 발린(Valine)
- 메티오닌(Methionine)
- 페닐알라닌(Phenylalanine)
- 아이소루신(Isoleucine)
- 트레오닌(Threonine)

아미노산의 생산은 화학적 방법 또는 발효법이 사용되며, 일반적으로 발효법으로 생산된다. 그러나 필수 아미노산중 메티오닌, 라이신, 페닐알라닌 3종과 필수 아미노산이 아닌 L-시스테인은 바이오 리액터 효소를 이용해서 생산된다.

혈액 안에 존재하는 효소

- GOT(글루타민산 옥살로아세트 트랜스아미나제): 간세포 안에 있는 효소로서 간세포의 투과성이 높아지면 혈액으로 유출되어 증가한다. 이 수치가 올라가면 만성간염, 알코올성간염, 간경변 등 만성화한 간장 장애 질환을 의심해야 한다. 이 GOT는 심근에도 존재하며, 심근경색을 진단할 때도 측정한다.

- GPT(글루타민산 피루브 트랜스아미나제): 간세포 안에 존재하는 효소로서 이것의 혈액 중 활성을 측정해서 급성간염, 만성간염, 간 경변 등을 진단한다.

- LDH(유산탈수소乳酸脫水素효소): 주로 심장과 신장, 간장, 폐, 혈액세포, 골격근 등에 존재하며, 간장 질환이 발견될 때 GOT, GPT 검사와 함께 병행해서 측정한다. 또 심근경색, 폐의 질환, 백혈병, 악성빈혈, 간염, 악성종양이 있을 경우 이 효소가 증가한다.

- ALP(알칼리포스파타아제): 간장 내에서 만들어져서 담즙 안에 존재하는 효소. 이 효소의 활성이 활발해지면 담석, 담관일 가능성이 높고 경우에 따라서는 악성종양(암)의 간장 전이, 간암의 경우에도 이 효소의 활성이 상승한다. 또 뼈에 이상이 있을 경우에도 상승한다고 알려져 있다.

- GPT(글루탐산-피루브산아미노기전달효소): 신장, 췌장, 간장, 소장, 비장 등에 존재하며 이 효소의 활성이 올라가면 간장, 담도膽道, 췌장 등 장기에 병이 발생했을 가능성이 있다. 이 효소는 알코올 중독자와 비중독자를 구분하는데도 이용된다.

- CHE(콜린 아스테라아제): 간장에서 생성되어 혈액으로 분비되는 효소로서, 간세포에 장애가 발생하면 이 효소의 수치가 내려간다. 간경변, 극증(劇症-간이 급격히 오그라드는 증상)간염, 간암 일 경우 특히 이 효소의 활성이 저하된다.

- 아밀라아제: 전분을 분해하는 효소, 췌장과 타액선唾液腺에서 만들어진다. 이 효소의 활성이 높아지면 췌염, 췌장암, 담석, 담낭염, 신부전증을 앓고 있을 가능성이 크다.

- CPK(크레아틴키나아제): 골격근, 심근 등 근육에 있는 효소, 이 효소의 수치가 증가하면 근육 장애가 있음을 의미한다. 진행성 근디스트로피, 심근경색이 있는 환자는 이 수치가 상승한다.

혈액의 생화학적 분석

• 총總빌리루빈(담즙에 함유된 색소. 적혈구 속의 혈색소 헤모글로빈이 분해되어 생기며 간장에서 글루크론산과 함께 담즙 속으로 배설됨)수치: 용혈성빈혈, 담석, 담낭암, 간염, 간암, 췌암 진단의 중요한 지표가 된다.

• ZTT(유산아연 혈청혼탁시험): 만성간염, 간경변, 결핵, 류머티즘 등 만성염증 질환의 중요 지표이다.

• A/G비比: 단백질의 일종인 알부민과 글로불린의 비율을 나타내며 이 비율로 간경변, 영양실조, 만성전염병 등을 진단한다.

• LDL 저비중 리포단백과 HDL 고비중 리포단백: 이 두 가지는 지질脂質성분으로서 고지혈증, 동맥경화, 협심증, 심근경색 등을 진단할 때 이용 된다. LDL

에는 나쁜 콜레스트롤, HDL에는 좋은 콜레스트롤이 포함되어 있다. 혈액 중 전해질로서 나트륨 이온, 칼륨 이온, 칼슘 이온이 있으며 이것들은 인체의 영양 상태를 측정할 때 이용된다.

- 갑상선기능검사: 바제도 병 등 갑상선 기능 항진으로 인한 갑상선 호르몬의 과다로 일어나는 병의 진단에 이용된다. 독일의사 바제도(Basedow, k.von)와 아일랜드 의사 그레이브스(Graves)에 의해서 발견된 병이다.

- TP(총 단백질 수치): 극증간염, 간경변, 네프로제증후군 등 측정 시 이용.

- 스포츠: 격렬한 운동 후 조직 내 효소가 결핍상태가 되면 혈중 유산농도가 상승한다. 운동생리학 분야의 트레이닝 효과의 측정, 과잉 트레이닝 방지, 지구력 평가 등에 유산농도를 측정하는데 이용된다.

- 우로키나아제(Urokinase): 이 효소는 혈액 중에 대량으로 존재하고 있는 플라스미노겐(Plasminogen)이라는 단백질을 플라스민(Plasmin-섬유소 분해효소)으로 전환시키며 플라스민은 생성된 혈전을 용해한다.

효소, 첨단과학의 산물

효소는 과학이 발달하면서 보다 다양하고 효능이 큰 새로운 물질로 재탄생하고 있다. 당화효소인 글루코스 이소멜라제를 탄수화물과 혼합하면 약 50%의 글루코스가 과당으로 변환된다. 글루코스와 과당의 혼합물은 이성화당異性化糖이고, 이 이성화당은 바이오리액터를 이용해서 생산한다.

- 스테비아 감미료: 설탕 당도의 150배, 저칼로리 당.

- 플라티노오스(Platinose): 당도가 설탕의 42%로서 품위 있는 단맛을 낸다. 이것은 효소를 설탕에 작용시켜 생산하는 것이다.

- 올리고당: 올리고당은 비피더스균이 장내에서 증가하는 것을 돕는 활성이

있다. 비피더스균은 장내 부패물질과 유해물질을 배출하는 세균류의 증식을 억제하고 변비를 개선하며 생체 내 면역력 증강을 촉진한다. 프룩토 올리고당, 말토 올리고당, 이소말토 올리고당, 키시로 올리고당이 있다.

현대와 같은 고령화 사회에서는 이들 고령자에게 맞는 식품이 필요하다. 즉 영양가가 꼭 높지 않더라도 소화 흡수가 잘 되는 기능식품이 필요한데 이것은 바이오리액터를 이용해서 생산이 가능하다.

또 건강을 유지하기 위한 예방의학으로는 가정에서 바이오센서로 건강을 체크하는데, 체액 중의 여러 가지 화학성분을 측정해서 건강 상태를 진단한다. 예를 들어 바이오센서를 화장실에 장치하면 용이하게 측정할 수 있다. 소변이나 대변 중의 여러 화학물질에 대해 농도의 측정이 가능하기 때문이다. (당, 단백질, 우로빌리노겐, 요소, 요산, 혈액 등 측정)

앞으로 지구의 식량문제도 효소가 해결할 수 있다. 현재 공기 중의 질소와 산소, 이산화탄소, 태양에너지를 이용해 아미노산(단백질)을 생산하는 기술을 연구 중에 있는데 이 역시 바이오리액터를 이용한다.

클린에너지도 효소가 만든다. 산업폐기물이나 도시쓰레기, 농업폐기물에 포함된 셀룰로스를 셀룰라아제로 글루코스화하고 효모를 이용해 알코올을 생산한다. 또 수소산 생균을 작용시키면 수소가 생성되고 메탄산 생균으로는 메탄을 생산한다.

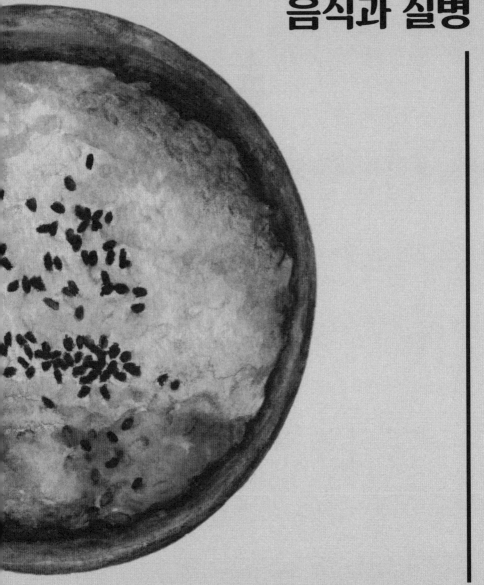

PART 06

음식과 질병

세포가 건강해야
병에 걸리지 않는다

고혈압 환자에게 혈압강하제를 처방하는 것은 근본적인 치유방법이 되지 못한다. 당뇨환자에게 혈당강하제(인슐린)를 처방하는 것 역시 근본 치유가 아니다. 혈압강하제는 혈압을 내리게 하는 약이지 치료약이 아니다. 혈당강하제 또한 혈당을 내리는 작용을 하지만 당뇨병을 치료하는 약은 아니라서 죽을 때까지 혈당강하제를 먹고 또 인슐린 주사를 맞아야하는 것이다. 이처럼 약으로 치유되지 않고, 치유할 수 없는 모든 만성병은 잘못된 습관에서 오는 생활습관병이다.

이에 비해 급성질환은 약으로 치유가 가능하다. 즉 폐렴이나 결핵, 인플루엔자, 또는 O-157같은 병은 세균이 원인인 병으로서 이런 병은 항생물질로 치유가 가능한 것이다. 이것은 약으로 세균을 죽이면 되기 때문에 간단하다. 페니실린이나 스트렙토마이신 같은 항생물질이 여기에 해당된다.

그러나 고혈압이나 당뇨병을 일으키는 세균은 없다. 식습관이 나쁘고 생활습관이 잘못되어 생긴 퇴행성질환이기 때문이다. 고혈압은 심부전과 신부전, 심근경색, 뇌경색 등의 합병증을 유발하고, 당뇨병은 암이나 심근경색, 뇌경색 등의 합병증을 불러온다.

요즘은 3명에 1명꼴로 자기 몸의 건강에 이상을 느끼는 시대라고해도 과언이 아니다. 그런데 이처럼 몸에 이상이 나타나는 것은 결코 나쁜 징조가 아니다. 몸이 스스로 이상이 있으니 고치라고 보내는 신호이기 때문이다.

건강한 사람은 세포 하나하나가 건강하고, 아픈 사람은 병든 부위의 세포들이 병들어 있다. 우리 피부의 때는 죽은 세포가 벗겨져 나오는 것이다. 이 때가 벗겨져 나가면 그 밑에서 새로운 세포가 돋아난다. 이것이 신진대사이며 세포의 신진대사는 영양소와 산소의 작용에 의해 이뤄진다. 인체 모든 장기의 세포도 이와 같으며 산소와 영양이 완전하게 세포에 공급되면 좋은 세포가 만들어지는 것이다.

혈액의 좋고 나쁨은
음식물에 달려있다

　건강한 혈액이면 암도 에이즈도 무섭지 않다. 건강한 사람과 암에 걸린 사람의 혈액에 각각 암세포를 넣으면 건강한 사람 혈액에서는 암세포가 점점 사라지고 암환자의 혈액에서는 암세포가 계속 증가한다.

　건강한 혈액에는 건강한 세포를 키우는 물질이 많이 있다. 그 중 하나가 역전사효소逆轉寫酵素로서 이 효소에는 암세포를 정상세포로 만드는 물질이 풍부하게 들어있다. 그런데 암환자 혈액에는 이것이 없다. 그래서 한 번 암세포가 발생하면 계속 증식하는 것이다.

　당뇨병 환자의 피는 끈적끈적해서 모세혈관을 통과하지 못한다. 그래서 당뇨가 중증이 되면 손발이 썩는다. 영양소와 산소가 세포에 공급되지 않아 새로운 세포가 돋아날 수 없기 때문이다. 당뇨에 걸리면 심장에서 가장 먼 곳에 있는 발끝부터 썩는 것이 바로 이 때문이다.

신장이 약해지면 레닌이라는 효소가 분비되면서 말초혈관을 딱딱하게 만들어 피가 흘러가지 못하게 된다. 여기서 더 진행되면 안지오텐신이라는 호르몬이 만들어져 혈압을 상승시킨다. 사람의 손발이 찬 것도 어혈 때문이다. 그리고 어혈이 뇌에 정체하면 뇌경색, 심근에 쌓이면 심근경색이 된다.

건강하게 살기 위해서는 튼튼한 세포를 만드는 식사를 하고, 어혈을 정화하기 위해 적정한 운동을 해야 한다. 그리고 뇌(뇌하수체)에서 나오는 호르몬 분비를 활발하게 하기 위해서 마음을 평온하게 유지하고 스트레스에 영향을 받지 않는 것이 중요하다.

질병을 유발하는 무서운 어혈은 음식물로 충분히 예방할 수 있다. 혈액도 세포이며 이 혈액을 포함해 인체 내 모든 세포의 오염을 제거하는 식품을 '스카벤져(Scavenger)효과'가 높은 식품이라고 한다.

우리 몸 속에서 소화되고 남은 음식물의 잔류물과 음식물에 포함된 독소는 인체 내의 자가 면역체계에 의해 제거된다. 이 일을 하는 것이 '포식자 효소'라고 불리는 스카벤져 효소(Scavenger Enzyme)로서 잔류물과 독소를 분해해서 배출하는 역할을 하는 것이다.

이 스카벤져 효소가 많이 함유된 식품을 줄여서 'SV식품'이라고 부르고 있는데, 사람들이 운동 전후에 즐겨 마시는 스포츠드링크나 아이들의 분유에는 이 SV가 전혀 없다. 그야말로 'SV가價'가 제로인 것이다. 스포츠드링크는 활성산소를 가장 많이 유발하는 음료로서 피를 오염시킨다. 그리고 분유 역시 활성산소를 유발한다.

SV가는 50이상이면 그럭저럭 좋은 편에 속하고 100이 가장 좋다. 스포츠드링크나 분유처럼 열처리나 화학처리가 된 식품은 활성산소를 분해하는 능력이 없다. 그 속에 효소가 존재하지 않기 때문이다.

모유의 경우도 건강한 어머니와 건강하지 않은 어머니의 모유는 SV가에 큰 차이가 있다. 어머니가 섭취한 음식물이 나쁘면 모유도 당연히 나쁘다.

효소의 부족이
아이들의 병을 부르고 있다

　페록시다아제(Peroxidase)라는 효소는 침 속에 존재하는데, 침의 SV
가는 100으로 매우 높다. 당뇨병 환자는 목이 쉬 마른다. 침이 안 나오
기 때문이다. 침이 안 나오면 입안에서 이물질이 걸러지지 않고 곧바로
몸 속으로 유입된다. 예컨대 발암물질도 침과 섞이면 상당량이 분해되
는데, 침이 나오지 않으면 필터링이 되지 않은 채 위로 내려간다. 그래
서 당뇨환자의 사인가운데 암이 제일 많은 것이다.

　요즘 어린아이들은 침을 잘 흘리지 않는다. 턱받이를 하는 어린아이
를 찾아보기가 힘들다. 그래서 많은 아이가 아토피로 고생하고 또 천식
이나 비염 등 알레르기성 질환을 앓고 있는 것이다. 그런데 요즘 아이들
은 태어나서부터 침이 안 나오는 체질로 변해 있다. 모유의 질이 나쁜
데다가 열처리된 과즙이나 열처리된 분유 등 효소가 함유되지 않은, 즉

SV가 제로의 음식을 먹으니 침이 안 나올 수밖에 없다. 이렇듯 침이 안 나오면 소화불량이 되고, 몸 속의 대사도 불량하게 된다. 이러니 아이들은 시도 때도 없이 짜증만 부린다.

요즘 어린아이들의 대부분이 받고 있는 이유 없는 스트레스는 효소 부족에 기인한다고 해도 과언이 아니다. 그 결과 아이들마다 머리털이 서 있고 이런 아이들일수록 몇 달이 지나면 아토피와 천식이 찾아오는 것이다.

중이염을 앓고 있는 어린아이들도 최근에는 증가하고 있다. 중이염은 과거에는 노인병이었고, 나이 들어 신장이 나빠져서 발병하는 것으로 알려져 있었다. 그런데 요즘은 아이들에게도 이 병이 발생하고 있다. 다시 말해 신장이 나쁜 아이들이 늘어나고 있는 것이다. 생후 3~4개월 된 어린아이들이 중이염에 걸리고 거기다 침도 안 나오고, 머리털은 서 있고, 그러면서도 단 음식물을 입에 달고 있으니 당뇨병과 다를 바 없다.

그런가 하면 알츠하이머병도 인슐린이 과잉 분비되는 것으로 이것 역시 당뇨병과 같다. 또 혈당치가 높은 산모에게서 태어난 아이는 당뇨병에 걸리기 쉽다. 혈당치가 높은 산모의 자궁은 설탕물과 같은데 태아가 그 물을 먹고 자란 것과 다르지 않기 때문이다. 이렇게 해서 태어난 아이는 몸무게가 4~5킬로그램 정도로 크지만 실實하지 못하고 허虛하다. 이 모든 현상이 효소의 부족에서 온다.

소식하고 SV가가 높은 음식물을 먹자

채소의 경우 시간이 경과해 산화하면 SV가가 떨어진다. 채소도 신선할 때 섭취해야 좋은 것이다. 그리고 과일은 식전 30분 이내, 식후 60분 이내는 먹지 않는 것이 좋다. 과일이 소화되지 않은 상태에서 위에 머무는 동안 산화하기 때문이다.

과일은 보통 30분이면 소화가 이뤄진다. 따라서 식전 30분 이전에 먼저 먹든지 식사 후 60분 이후에 먹는 것이 좋다. 식후 60분 동안 위는 음식물로 차 있어서 이 때 과일이 들어가면 음식물과 섞여 산화하기 때문이다.

음식은 가능한 한 SV효과가 큰 음식물, 즉 효소함량이 많은 음식물을 먹어야 한다. 즉 신선하고 부패하지 않은 음식, 썩지 않는 음식물이 그것이다. 육류와 생선, 우유는 금방 변질하고 부패한다. SV가 낮기 때문이다.

썩지 않는 식품으로는 현미와 깨, 콩과 같은 곡류가 있다. 연근과 우엉, 근채류, 신선한 채소, 해조류도 잘 썩지 않는다. 특히 일본 동지사同志社대학 니시오까西崗 교수의 분석에 의하면 현미식품의 SV가는 100인 것으로 조사됐다.

가장 바람직한 섭생법은 소식을 하면서 SV가가 높은 음식물을 먹는 것이다. 특히 소식을 하면 몸 안에 저장되어 있는 효소의 소모를 줄일 수 있기 때문에 몸이 절로 건강해진다.

거북이는 소식을 하는 장수동물인데, 위를 절개해보면 위안에 소화되지 않고 남은 음식물이 거의 없다. 적게 먹고 먹은 것은 전부 소화해서 남은 게 없는 것이다. 그래서 과식으로 배가 나온 거북은 없다. 동물원에 갇혀 사는 거북도 150년 이상 생존한 기록이 있다. 거북은 소식을 하기 때문에 피가 맑아 오래 사는 것이다.

따라서 우리 사람들도 결국 SV가가 높은 음식물 즉 효소가 많은 음식물을 먹어야 한다. 신선한 채소와 발효식품이 바로 그런 음식이다. 특히 발효식품은 활성산소를 분해해서 제거하는 능력이 탁월한데 된장과 간장, 청국장(일본의 낫또) 등이 이런 좋은 음식물이다.

영양제 중에는 이로움을 주기보다 인체에 해가 되는 활성산소를 생성하는 것들이 많다. 잘못된 건강식품은 활성산소를 만들어냄으로써 근육경련과 심근경색, 신부전 등의 질병을 유발하게 된다. 약도 마찬가지이다. 일정한 허용범위를 넘어서면 부작용을 야기하고 활성산소를 발생시켜 질병을 일으키게 된다.

알레르기는 큰 병을
예고하는 경고신호

특히 알레르기를 가볍게 생각해서는 안 된다. 혈액이 산성화해서 몸이 알레르기 체질이 되면 코나 눈의 점막을 녹이는 호산구好酸球가 증가한다. 호산구가 점막을 녹여 점막이 얇아지면 꽃가루 등 이물질이 쉽게 몸 안으로 침입하게 되는 것이다.

꽃가루가 들어오면 백혈구는 꽃가루의 퇴치를 위해서 히스타민이라는 물질을 배출해서 공격하게 된다. 벌레에 쏘였을 때 쏘인 부위가 붉게 되는 것은 히스타민이 분비되었기 때문이다. 벌레 물린 약에는 그래서 항히스타민제가 들어있고 마찬가지로 아토피성 피부염, 화분증의 눈약 등에도 이 항히스타민제가 들어있다.

그리고 알레르기성 질환 환자는 아토피성피부염, 비염, 중이염, 간염, 신장염, 방광염에 취약하다. 비염이나 화분증, 천식과 같은 알레르기 질병을 치료하지 않고 2~30년이 지나면 어느 날, 이 비염과 화분증, 천식이 멈추는 대신 갑자기 수개월 후에 말기 암이 나타나는 경우가 있다.

물질은 타면 산화하는데 사람에게 산화는 노화를 의미한다. 알레르기를 가진 사람은 노화가 빠르다. 암에게 보다 가까이 다가갔다는 의미도 되는 것이다. 화산에 비유하면 화산이 분화하고 있는 상태가 알레르기이며 분화가 식어서 마그마가 굳은 것이 암이라고 할 수 있다.

알레르기는 몸 안에 침입하는 이물질을 들어오지 못하게 저항하는 방파제 같은 것으로 그 자체는 원래 병이 아니다. 병이 되기 조금 전의 상태라고 할 수 있으며 췌장과 소장과 간장이 약해져 있으니 빨리 고치라는 몸의 외침인 것이다. 그러므로 알레르기는 큰 병이 되기 전에 빨리 고쳐달라고 우리 몸이 보내는 경고신호인 셈이다.

그런데 이 같은 알레르기에 항히스타민제, 항알레르기제를 사용하는 것은 증상을 가볍게 하거나 일시적으로 봉합해 놓은 것에 불과하다. 그럼 어떻게 해야 할까. 방법은 점막을 강하게 하면 된다. 이를 위해서는 우선 혈액을 알칼리성으로 바꿔줘야 한다. 즉 알칼리성 음식물을 섭취해야 하는 것이다. 또한 점막을 강하게 하기 위해서는 파로틴이라는 호르몬이 필요하다. 음식물을 잘 씹어 먹으면, 침의 분비가 좋아지고 파로틴도 충분히 배출되니 꼭꼭 잘 씹어 먹는 것이 매우 중요하다.

화분증(꽃가루 알레르기)에 가장 좋은 음식은 매실과 미역이다. 미역과 매실은 강한 알칼리성 음식으로 혈액과 체액을 약알칼리성으로 유지시켜 질병에 강한 체질을 만드는 것이다. 그리고 약알칼리식품으로 현미가 있다. 현미발효 식품을 충분히 섭취하면서 미역과 매실을 적당히 먹고, 또 단맛의 음식물을 멀리하면 알레르기성 질환인 비염, 화분증 등이 달아난다.

설탕은 백혈구의 면역력을 저하시킨다. 즉 설탕은 씹어 먹지 않기 때문에 침의 분비가 잘 되지 않고 그 결과 장의 점막이 약해져 바이러스의 체내 침입이 용이하게 된다.

우리 몸을 해치는
설탕과 화학첨가물

　자율신경 실조증이라는 병은 신경이 정상적으로 작동하지 않는 상태를 말한다. 장기가 정상적으로 작동하지 않으면 당뇨와 심근경색, 고혈압 등의 질환이 발생한다.

　또 성격이 포악하거나 선악의 판단이 잘 안 되는 것은 간뇌의 기능에 이상이 있기 때문이다. 식품첨가물과 화학조미료, 산화한 기름, 정제된 흰 설탕 등은 간뇌에 이상을 가져오는 원인을 제공한다. 이런 식품을 많이 섭취하면 코카인이나 헤로인과 같은 반응이 일어나는 것이다.

　치매에 걸리지 않기 위해서는 간뇌에 좋은 것을 섭취하되 티로신이라는 아미노산이 좋다. 티로신이 많은 음식물은 말벌의 유충으로 알려져 있는데 메뚜기와 정어리, 잡어등 작은 물고기에도 많이 들어있다.

　식물성으로는 죽순과 탕엽(湯葉-두유를 끓였을 때 그 표면에 생긴 엷은

막을 걷어서 말린 식품), 낫또(청국장으로 대두를 국균으로 발효시킨 것)가 좋다. 숙성된 낫또에서 나오는 흰색 좁쌀 같은 것이 바로 티로신이다. 그리고 된장도 숙성된 것이 좋다.

과일의 경우는 오래 두면 숙성되는 것이 아니라 썩어간다. 그래서 과일은 신선할 때 먹어야 한다. 숙성하는 것은 발효 식품이고 다른 경우는 숙성이 아니고 노화해 가는 것이다.

스트레스는 노화의 주범이다. 괴롭거나 슬프거나 싫은 일을 해야 하거나 화가 나거나 하면 아드레날린이라는 호르몬이 분비된다. 이 아드레날린이 분비되면 혈당치가 올라가게 되며 설탕을 먹었을 때와 마찬가지로 백혈구의 활동이 저하된다. 이렇게 되면 신체의 저항력이 약해지고 질병이 발생한다.

일본대학 약리학박사인 다무라多村 교수의 발표에 의하면 건강한 사람의 백혈구 하나는 평균 14마리 균을 제거한다고 한다.

하지만 도넛을 한 개 먹으면 이 백혈구의 균을 제거하는 식균능력은 10마리로 떨어지고, 아이스크림 쉐이크를 추가로 먹으면 2마리, 탄산음료를 마시면 제로 수준으로 떨어지게 된다는 것이다. 탄산음료 한 병에 약 30g의 설탕이 함유되어 있다. 그런데 백혈구의 식균능력이 급격히 떨어지면 이를 개선하기 위해 우리 몸은 세포와 뼈 속에 비축된 영양분을 혈액 속으로 보내서 백혈구의 식균능력을 향상시키게 된다.

웃음은 백혈구의 식균능력을 강화시킨다. 웃으면 엔도르핀이라는 호르몬이 분비되는데 이 엔도르핀은 아포토시스(Apotosis-세포 소멸. 즉 세포가 자신이 지닌 프로그램을 작동시켜 자살하는 현상)라는 현상을 유발한다. 아포토시스란 쉽게 말해 암세포가 자살하는 것이라고 할 수 있다. 따라서 밝고 올바르고 항상 웃는 생활을 유지하면 건강한 삶을 누릴 수 있다.

설탕이 비타민을 파괴한다

인체 내의 세포에 들어온 포도당을 태우기 위해서 불을 붙여야하고 불을 붙이기 위한 성냥이 필요하다. 그런데 이 성냥에 상응하는 역할을 하는 것이 비타민 B1, B2, B3, B6, B12이다. 포도당의 연소에는 이 비타민 B군 5종 모두가 필요하며 이중 하나만 모자라도 연소가 되지 않고 중성지방으로 변환된다. 그리고 이것이 인슐린 리셉터를 닫게 함으로써 포도당의 세포유입을 막아 당뇨병을 발생시킨다.

그런데 이 중요한 필수 영양소인 비타민 B군을 파괴하는 것이 다름 아닌 설탕이다. 정제된 설탕에는 비타민 B가 전혀 없기 때문이다. 물론 정제되지 않은 설탕의 원당에는 비타민 B가 풍부하다. 그러나 현재 설탕의 원당은 가공되어 있으며 시판 중인 설탕 가운데 정제하지 않은 설탕은 거의 없다. 설탕은 인체 내의 효소를 대량을 소모할 뿐 아니라 비타민 B군을 파괴해서 당뇨병을 유발하므로 절대 섭취해서는 안 된다.

등 푸른 생선에는 비타민 B3가 많고 해조류에는 비타민 B12가 많다. 이 외에 콩 종류와 도정하지 않은 곡물, 호박, 발효식품에도 비타민이 많이 들어있다.

단백질도 동물성 단백질보다는 식물성 단백질이 좋다. 고기나 생선 대신 매일 콩, 두부를 먹으면 좋은 이유다. 당뇨병 환자는 두부를 많이 먹어 단백질을 보충해야 한다.

당뇨병 환자는 식사를 하기 2~30분 전에 현미발효 식품과 대두프로테인 1~2숟가락 분량을 먹으면 좋다. 비타민 B군과 프로테인이 먼저 체내에 들어가면 지방의 연소효율이 좋아지기 때문이다.

이렇게 먹으면 중성지방도 줄어 다이어트에도 좋다. 이것을 효소감량법이라고 한다. 천천히 확실하게 그리고 편하게 감량되는 것이다. 이렇듯 중성지방의 연소가 잘되면 누구나 체중이 줄어든다.

그런데 만약 감량이 안 되는 사람이 있다면 그 사람은 갑상선 호르몬의 분비가 나쁜 사람이라고 할 수 있다. 기초대사량이 낮아져서 절대 감량이 안 되는 것이다. 이런 사람 역시 현미발효 식품을 먹으면 좋다. 그리고 깨를 하루에 30~40g 먹으면 갑상선과 부갑상선 호르몬의 분비가 균형을 이룬다. 그리고 걷기와 등산은 갑상선을 튼튼하게 한다.

동물성 기름이
우리 몸에 왜 나쁜가

    동물성 기름이 우리 몸 안에 들어와 식으면 굳어 버린다. 동물들의 체온은 38도에서 42도인데 비해 인체의 체온은 36도이다. 따라서 동물성 기름은 동물보다 낮은 체온인 인체 내에 들어오면 굳어 버리게 되는 것이다. 그리고 이 동물성 기름은 완전히 분해될 때까지 약 20시간이라는 긴 시간이 소요된다.

    동물성 기름을 섭취할 때면 생선은 섭취하지 않는 것이 좋다. 생선과 함께 섭취하게 되면 체내 효소의 소모가 너무 크기 때문이다. 즉 분해, 흡수에 무리가 가중된다.

    식물성 기름도 과잉섭취는 좋지 않다. 어떤 기름도 몸에 좋은 기름이란 없다. 췌장에 부담을 주기 때문이다. 췌장액과 담즙산膽汁酸이 없으면 기름은 분해되지 않는다. 특히 리놀산은 산화되기 쉬우므로 조심해야 한다. 리놀산이 산화하면 염증을 일으키기 때문이다. 리놀산이 많이 함유된 기름으로는 홍화紅花기름, 옥수수기름, 해바라기기름, 대두기름 등이 있으며 알레르기환자와 류머티즘, 암 환자는 이 리놀산 기름이 특히 좋지 않다.

그리고 버터보다 마가린이 더 좋지 않다. 버터는 동물성 포화지방산인데 비해 마가린은 액체 상태인 식물성 불포화지방산에 수소를 첨가해서 고체화시킨 것이다. 따라서 마가린이 체내에 들어가면 트랜스지방이 돼 동물성지방보다 더 나빠지는 것이다. 이런 마가린을 먹인 쥐는 유방암의 발병률이 높아진다.

빵에 마가린이나 딸기잼, 커피에 설탕, 우유 이런 식사를 하면 알레르기는 치유가 잘 되지 않는다. '염炎'자가 붙은 질병을 가진 사람은 설탕과 마가린을 조심해야 한다. 즉 아토피성 피부염, 결막염, 중이염, 식도염, 기관지염, 신염, 간염, 방광염 등이 그것이다.

멸균 처리된 가공식품에는
효소가 없다

알루미늄캔과 유리병, 페트병에 든 음식물들은 하나 같이 공장에서 대량생산되고 고열에서 멸균 처리된 가공식품이다. 이렇게 고온에서 멸균처리 된 가공식품에는 효소가 전혀 없다. 특히 아이들이 일상적으로 즐겨먹는 인스턴트 음식, 패스트푸드, 청량음료, 기름에 튀긴 과자류 등 이 모든 식품에는 불행하게도 효소가 존재하지 않는다.

한때 크게 유행했던 곡물생식에도 효소가 거의 존재하지 않는다. 아니, 내가 먹었던 곡물생식에 효소가 거의 없다고? 안타까운 일이지만 사실이 그렇다. 물론 집에서 직접 만들어 먹는 곡물생식이 아닌 공장에서 대량생산돼 유통되고 있는 곡물생식이 그렇다는 얘기이다.

앞서 말했듯 오늘날 현대인이 섭취하는 먹을거리의 대부분은 대량생산, 대량유통 될 수밖에 없는 시스템으로 공급되고 있다. 이 먹을거리는 절대 부패해서는 안 되기 때문에 철저하게 섭씨 100도 이상에서 멸균처리를 하지 않으면 안 된다. 이로 인해 중요한 필수영양소인 효소가 모두 파괴되는 어처구니없는 일이 일어나고 있다. 효소가 없으면 먼저 소화부터 잘 되지 않는다. 이런 사실조차도 우리는 잘 모르고 있는 것이다. 그러나 유통과정에서 발생할 수 있는 부패를 방지하기 위해 제조사에서는 100% 멸균처리를 하지 않을 수 없다. 이것이 오늘날 우리가 당면하고 있는 먹거리의 가장 큰 문제이다.

만약 당신이 중장년층 이상 세대에 속한다면 오늘 점심 때 과식한 돼지갈비 식사는 당신의 속을 불편하게 만들었을 것이다. 그리고 충분히 분해되지 않고 남아있는 동물성 단백질 잔류물은 장내 유해균에 의해서 부패돼 장 속에서 다량의 가스와 독소를 생성하였을 것이 틀림없다. 그 독소는 혈액을 타고 몸속을 순환해서 몸의 여러 부위에 축적되었을 것이며, 그렇게 축적된 독소들은 몸의 여러 기관과 관절의 통증을 유발하게 될 것이다. 또 소화 잔류물의 일부는 대장 속에 그대로 남아 장벽에 흡착되어 숙변으로 존재하고 있을 것이며, 한편으로는 악취 나는 방귀로 한동안 불편했을 것이다.

중장년층의 인체 내 효소 절대량은 오랫동안 계속된 잘못된 식습관(효소가 부족한 식습관)으로 인해 이미 상당량이 감소해 있는데, 여기다 오늘 섭취한 조리된 음식물이 효소 절대량의 감소를 더욱 진행시켰을 것이다.

체내 효소를 고갈시키는
무서운 가공식품

어린이와 젊은 세대는 몸속에서 생성되고 저장된 효소량이 아직은 많은 시기이다. 그러나 안타깝게도 가공되고 조리된 인스턴트 푸드, 패스트푸드, 청량음료수, 튀긴 과자 등 유해식품들이 어린이와 젊은 세대의 그 많은 효소를 낭비하게 만들고 있다.

가공식품, 이른바 정크 푸드가 몸 안으로 들어오면 그것을 소화시키기 위해 많은 양의 효소가 필요하고, 이로 인해 몸속에 온전되어 있어야 할 효소를 고갈시키기 때문이다.

나이가 들면서 효소 부족현상은 더욱 심화되어 서서히 몸의 면역 기능은 떨어진다. 결국 소화불량 현상은 일상화가 되고 질병에 약한 체질로 바뀌면서, 타고난 천수를 다 누리지 못하게 되는 것이다.

만약 당신이 오늘 점심에 돼지갈비는 소량만 섭취하고, 고기와 함께 고기 양의 두 배 이상에 달하는 신선한 채소를 함께 섭취했다면, 당신은 채소 속에 함유된 효소를 함께 먹은 것이다. 그리고 입 안에서 음식물을 천천히 30번 이상 씹어 먹었다면 소화가 매우 원활하게 이뤄졌을 것이다.

이 경우 당신의 속은 편했을 것이며 잘 분해되고 소화된 영양소인 당은 활동하는 에너지로 변환되고, 분해된 단백질은 아미노산으로 바뀌어 몸의 새롭고 건강한 세포를 만드는 영양소로 사용되었을 것이다.

요약하자면, 우리는 효소가 충분히 함유된 생식을 가급적 많이, 일상적으로 섭취해야 한다. 그러면 우리는 건강한 생활을 영위할 수 있다. 효소는 없고 칼로리만 높은 음식물만을 섭취하면 우리 몸은 과체중이 되고 질병에 취약하게 되며, 노화는 빨리 진행될 수밖에 없는 것이다.

거듭 강조하지만 우리 밥상의 90% 이상은 가공된 음식물로 차려지고 있다. 탄수화물과 지방, 단백질은 충분하지만 그 탄수화물과 지방, 단백질을 분해해서 영양소로 변환시켜 에너지를 만들고 새로운 세포를 만드는 일을 하는 일꾼, 즉 효소와 비타민, 미네랄은 크게 부족하다. 그중에서도 효소는 절대적으로 부족하다는 사실을 잊지 말자.

일반적으로 산야초효소발효액이나 매실발효액을 효소라고 부르고 있는데 이는 틀린 말이다. 산야초나 매실발효액은 효소가 작용해서 발효가 끝난 것으로 좋은 에너지원일 뿐 효소의 활성이 거의 없다. 살아있고 활성이 있는 촉매가 진짜 효소인 것이다.

어떻게 해야 체내환경을
건강하게 만드는가

인체의 환경체질을 결정짓는 것은 환경액이다. 이 환경액이란 혈액과 체액을 말한다. 예를 들어 사람이 피부에 화상을 입으면 물주머니가 생기는데 이것을 바늘로 찌르면 반투명 액체가 나온다. 이것이 체액이다.

우리가 먹은 음식은 위장에서 소화가 된 후 영양소가 되어 혈액 속으로 들어가며 이 영양소는 체액으로 이동하고 또 체액에서 다시 세포로 이동한다. 그런데 이 체액환경, 다시 말해 혈액환경은 수소이온 농도가 pH7.3~7.4인 약알칼리성이라야 하는 것이다.

철이 산화하면 녹슬게 되듯이 사람의 몸도 산화하면 노화한다. 중금속과 농약, 화학약품은 사람의 몸을 산화시키는 물질이다. 자외선도 지나치게 많이 쪼이면 몸을 산화시켜서 노화가 진행된다.

체내환경을 좋게 만들기 위해서 반드시 좋은 소금을 섭취해야한다. 정제된 흰 소금은 절대 안 된다. 정제소금은 99%가 염화나트륨이며 이것은 신장에 치명적으로 나쁘다.

나트륨은 신장에 쌓여 신장의 기능을 저하시킨다. 따라서 정제염을 계속 먹는 한 혈액환경은 좋아지지 않는다. 이 때문에 우리는 반드시 천연소금인 천일염을 먹어야 한다. 천연소금에는 70종류의 미네랄과 미량영양소가 들어있다. 그래서 몸에 좋으며 우리 몸을 알칼리성으로 유지할 수 있도록 돕는다. 정제소금은 짜기만 할 뿐 화학조미료와 같다.

정제된 소금과 함께 글루타민산나트륨과 인산나트륨, 아초산나트륨 등 3대 나트륨 섭취는 중단해야 한다. 글루타민산나트륨을 과잉섭취하면 관절에 쌓이게 된다. 특히 공복에 먹으면 좋지 않으며 공복에 3g이상을 섭취하면 어지럼증이 온다. 이것이 관절염을 일으키고 신장을 딱딱하게 만들어 혈압이 올라가게 된다.

인산나트륨은 청량음료수와 인스턴트 도시락, 컵 라면, 인스턴트 라면에 들어 있다. 우리 뇌에는 아세틸콜린이라는 신경전달물질이 있는데 인산나트륨을 섭취하면 이것이 흘러나와 버린다. 이렇게 되면 신경전달이 잘 안 되며 파킨슨병의 원인이 되기도 한다. 인스턴트 음식에 인산나트륨을 넣으면 누구나 좋아하는 맛이 되지만 이 물질은 신장에 부담을 주고 몸을 쉬 피로하게 만든다.

또 어린이가 인산나트륨을 과잉섭취하면 행동과잉이 된다. 즉 사나워지는 것이다. 이를 HDL(Hyper Learning Disability)이라고 하는데 비행청소년, HDL증후군은 이 인산나트륨이 원인인 경우가 많다. 햄과 소시지, 통조림에도 이 인산나트륨이 들어있다.

제일 나쁜 나트륨은 아초산나트륨이다. 이것은 색소를 내는 첨가물로서 고기류의 식품에 첨가하면 고기가 언제까지나 붉은색을 유지한다. 햄과 소시지, 명란젓, 연어 알에 들어있는데 아초산나트륨의 치사량은 0.18g으로 이는 청산가리의 독성과 유사한 수준이다. 아초산나트륨은 위암의 원인이 될 뿐 아니라 식품첨가물 중에서 유전자 손상을 가장 크게 일으키는 물질이다.

그리고 또 나쁜 첨가물로서는 타르계통의 색소가 있다. 식품과 화장품에 사용되고 있는데 타르색소를 첨가한 화장품은 입술암과 피부암의 원인이 된다.

농약과 중금속을
제거하는 효소와 피틴산

채소와 과일, 곡류에 묻은 농약은 몸 속의 효소로 어느 정도 제거된다. 효소가 풍부한 건강한 침은 농약의 7~9할을 분해하며 현미 발효 식품도 동일한 효과를 나타낸다.

농약을 사용해 재배된 대두를 발효시켜서 청국장(낫또)을 만들면 농약성분이 사라진다. 마찬가지로 된장을 담가도 사라지는데 이는 국균이 농약을 제거해 주기 때문이다.

그런데 전혀 제거되지 않는 것이 중금속이고 자동차가 내뿜는 배기가스 속에는 중금속이 많이 포함돼 있다. 다이옥신의 경우 체내에 들어와 그 양이 반으로 줄어들 때까지 소요되는 기간은 10년이다. 하지만 일본 규슈대학의 나가야마(長山)교수에 따르면 현미발효 식품을 매일 먹을 경우 이 기간이 1년으로 줄어든다는 것이다.

또 수은은 미나마타 병을 일으키고 카드뮴은 이타이이타이병을 유발하는데 이 같은 중금속을 제거하는 물질이 앞서 얘기했듯이 피틴산(IP6)이다. 이 피틴산은 중금속을 흡착해서 체외로 배출시킨다. 피틴산은 현미에만 있고 백미에는 없는 경이의 물질로서 암세포를 정상세포로 되돌려주는 역할을 한다.

현미발효 식품에는 모두 7종류의 피틴산이 전부 함유되어 있다. 뿐만 아니라 이에 더해서 효소와 엽록소, 식이섬유가 들어 있어서 항암효과가 높다. 피틴산의 IP6에서 P를 잘라내는 효소가 피타아제인데 된장에는 이 피타아제가 함유되어 있기 때문에 현미에 된장을 함께 먹으면 좋다.

2차 세계대전 당시 실제로 있었던 얘기다. 일본 나가사키에 원자폭탄이 투하되었을 때 그 투하지점에서 1.8킬로 떨어진 곳에 우라까미라는 병원이 있었다. 그런데 이 병원의 의사였던 아기야마 선생은 평소 자신의 지병을 현미밥과 미역된장국만으로 치유한 사람이었다. 원자탄에 피폭되자 아끼야마 선생은 병원에 근무하던 모든 사람들에게 앞으로 당분간 무조건 현미와 미역된장국만을 먹도록 지시했다. 그 결과 이 지시를 따른 병원 종사자들은 한 사람도 피폭증세가 나타나지 않았다고 한다.

피틴산은 철분과 칼슘을 배출하기 때문에 빈혈과 골감소증을 유발한 다고 주장하는 영양사와 의사들도 있다. 그러나 미국 메릴랜드 대학의 샴스딘(Shamsuddin) 교수팀의 연구에 의하면 피틴산은 인체가 필요로 하는 성분은 절대 배출하지 않는다고 한다.

우리 몸이 건강하기 위해서는 물과 소금, 현미 이 3가지를 올바로 섭 취해서 체내환경, 즉 혈액환경을 좋게 유지해줘야 한다. 특히 현미에 든 성분은 일종의 감지기와 같이 작동해서 우리 몸이 산성으로 기울면 알 칼리 쪽으로, 알칼리 쪽으로 너무 기울면 산성 쪽으로 작용해서 우리 몸 을 pH7.3~7.4의 약 알칼리성으로 유지시켜주는 기능이 있다.

규슈대학의 나가야마 교수는 다이옥신의 제거에 가장 강력한 식품으 로 첫째 현미, 둘째 엽록소, 셋째는 대두나 옥수수, 연근, 우엉 등의 식이 섬유소가 많은 식품을 꼽았다. 그런데 현미는 소화가 잘 안 되는 결함이 있는 반면, 현미발효 효소는 아기라도 소화를 잘 시킬 수 있다. 우유를 마시면 설사하는 사람도 요구르트는 마실 수 있다. 또 대두를 그대로 먹 으면 소화되지 않고 배출되지만 발효를 시켜서 청국장(낫또)이나 된장 으로 만들면 소화가 잘 되는 것과 같은 이치이다. 발효식품의 해독과 분 해, 배설, 흡수작용은 그 발효식품 안에 있는 효소의 작용 때문에 가능 하다.
몸이 안 좋을 때나 췌장이 약해졌을 때, 산화한 기름을 섭취했을 때

두드러기가 나타나는 것 역시 기름을 분해하지 못해 그런 것으로 효소의 부족이 원인이다. 식사는 그래서 침을 충분히 분비할 수 있도록 천천히 씹어서 먹고, 음식물도 발효식품을 많이 섭취해야 한다. 그리고 식사 후에 현미발효 효소를 섭취하면 위 속에서 먹은 음식물과 혼합되어 해독 분해를 촉진하게 되고 활성산소도 제거된다. 또한 농약과 식품첨가물, 발암물질도 분해해서 배출하는 것이다.

우리가 건강한 몸을 유지하기 위해서는 주식과 부식의 비율을 5:5로 하고, 식물성 식품과 동물성 식품 비율은 9:1 또는 8:2로 하는 것이 가장 이상적이다. 채소는 잎과 뿌리, 줄기, 생선은 멸치처럼 머리부터 꼬리까지 다 먹는 전체식全體食이 좋다. 그리고 채소는 계절마다 그때그때 수확되는 신선한 것을 섭취하되 흑, 백, 적, 황, 녹 등 5색의 채소 모두를 섭취하도록 한다.

이와 같은 채식 위주의 식단과 현미식은 우리의 몸을 약 알칼리성으로 유지시켜 준다. 현미와 현미발효 효소, 채소와 과일, 좋은 소금, 좋은 물의 올바른 섭취야말로 체내환경을 좋게 유지하고 농약과 중금속의 위험으로부터 우리 몸을 지키는 길이라는 것을 잊지 말자.

아토피는 왜 생기는가

우리 피부 밑에는 수많은 모세혈관이 있다. 잘 분해되고 소화된 음식물은 영양소로 변해 혈액을 타고 세포에 필요한 포도당과 아미노산을 공급한다. 이때 정상적으로 잘 분해, 소화, 해독된 것은 이물질이 아니지만 그렇지 않은 것은 우리 인체가 이물질로 인식하게 된다.

알레르기는 인체 내의 효소가 부족한 상태에서 이런 이물질이 침입해오면 효소가 미처 대응을 하지 못하기 때문에 생겨나는 것이다. 이물질이 들어오면 백혈구는 항체를 만들어 히스타민을 방출하는데 이 히스타민은 무릎 뒤와 팔꿈치 뒤, 손가락 관절, 겨드랑이 밑 등 굽은 부위와 움직이지 않는 부위, 얼굴 등에 쌓이게 된다.

이렇게 히스타민이 많이 쌓이면 모세혈관의 혈관 벽을 녹이게 되고 혈관 벽이 녹은 자리는 붉은 염증이 발생한다. 이것이 아토피성 피부염

증인 것이다. 그런데 여기에 항히스타민제를 바르면 히스타민은 혈관을 타고 이동해 다른 곳에서 나타난다. 즉 귀에 나타나면 중이염, 기관지에 나타나면 천식이 되는 것이다.

이 증상을 다시 약으로 억제하고자 하면 전신의 점막이 얇아지게 되며 꽃가루와 같은 큰 이물질도 체내에 침입하게 돼 상태는 더욱 악화될 수밖에 없다. 아토피성 피부염과 천식, 그리고 화분증이 순차적으로 발병하면서 15년에서 18년이 경과하면 그 다음에는 당뇨병과 고혈압 등의 만성병이 발병하게 된다.

모기가 피를 빨 때 흐르는 피는 빨 수가 없다. 그래서 피를 굳히기 위해서 폼산(Formic acid, 개미산 이라고도 함)을 방출해 먼저 굳힌다. 그리고 천천히 피를 빼는 것이다. 모기가 폼산을 방출해서 어느 부위가 굳게 되면 백혈구는 이를 이물질로 인식하게 되며 이 이물질을 녹이기 위해서 히스타민을 공급해서 녹인다. 이렇게 되면 그 녹인 부위가 붉은 염증으로 나타나는 것이다. 이 상태에서 약을 바르면 덜 분해된 이물질의 잔류물은 약을 바르지 않은 부위로 이동하게 된다. 그러면 이동한 그 자리에 다시 백혈구의 공격이 시작되면서 그 자리가 또 붉게 염증을 나타내게 된다.

따라서 항히스타민제는 치료약이 될 수 없으며 가려움증을 잠시 억제할 뿐 결국 백혈구가 이물질을 전부 분해할 때까지 기다리는 수밖에 없는 것이다.

설탕이나 유당도 마찬가지이다. 비타민 B군이 부족하거나 몸에 효소
가 부족한 상태에서 설탕이나 유당을 섭취하게 되면 이를 미처 인체 내
에서 처리하지 못하기 때문에 인체에 해로운 폼산이 생성된다. 아이들
이 설탕이 다량 함유된 청량음료나 과자를 많이 먹어도 해로운 폼산이
생성된다. 불량음료나 과자를 먹지 말아야 하는 이유인 것이다.

알레르기는 당뇨병의 전주곡이다. 우리 인체 내 장기 중에서 효소를
가장 많이 생성하는 곳은 췌장인데 이 췌장이 약해지면 당뇨가 온다. 즉
알레르기에 걸렸다는 것은 췌장이 약해졌다는 것이며 췌장이 약해지면
당연히 당뇨병이 찾아오는 것이다.

그러나 현미발효 효소에는 비타민 B군과 인체에 필요한 모든 효소가
고루 함유되어 있어서 당뇨를 예방해 준다.

모든 항생물질은 효소 차단제이다. 항생물질은 세균을 둘러싸서 효
소를 차단해 균을 죽인다. 그래서 항생물질을 복용하면 효소부족으로
소화불량이 되고 설사를 하기도 하는 것이다. 따라서 항생물질 잔류도
가 높은 음식을 섭취하는 것은 좋지 않다. 항생제를 먹인 소와 닭, 돼지
고기, 양식한 물고기, 질 나쁜 계란, 질 나쁜 벌꿀(벌을 죽이지 않기 위해

서 항생제를 사용하는 양봉가가 있음. 양질의 꿀은 몸에 좋다)은 가급적 섭취하지 않도록 유의해야 한다.

아토피 환자가 나쁜 음식물을 섭취하면 이물질로 인식 된다. 그래서 음식물의 섭취를 최대한 줄이는 대신 고비타민, 미네랄, 저단백, 저지방, 저칼로리 식을 섭취해야 한다. 즉 식물효소가 많이 함유된 생채소와 발효식품을 되도록 많이 먹는 것이 좋은 것이다.

당뇨환자에게 해로운
육류와 기름

오늘날 당뇨와 고혈압은 국민병이 되었다. 평생 약을 먹어야 하는 난치병으로 알려져 있다. 우선 먼저 당뇨의 원인에 대해 알아보자. 인체의 세포 내에서 에너지를 만드는 곳을 '미토콘드리아'라고 한다. 포도당이 세포 내에 들어오면 미토콘드리아에서 연소되어 에너지가 생성된다. 세포에는 포도당이 들어가는 입구가 있다. 이 입구를 인슐린 리셉터라고 한다.

빵이나 면, 쌀 등 전분질을 먹으면 포도당이 생산되고 혈당치가 올라간다. 그러면 췌장의 랑겔한스섬에서 인슐린이 분비되고, 인슐린은 인슐린 리셉터를 열게 하며, 포도당은 열린 입구를 통해서 세포 안으로 들어가 연소해서 에너지를 생산하게 되는 것이다.

포도당이 세포 안으로 들어가면 혈액 중의 혈당치는 내려가게 된다.

그런데 당뇨병 환자는 혈당치가 내려가지 않고 올라간다. 그 이유는 혈관벽이나 세포 주위에 지방과 콜레스테롤이 부착돼있어 포도당이 세포 안으로 들어 갈 수 없기 때문이다.

혈당치가 1㎗당 160㎎이상으로 올라가면 신장의 여과기능이 저하되며 이것이 한계에 달하면 당이 오줌으로 배출되기 시작한다. 이것이 당뇨병이다. 이런 당뇨병 환자일수록 육류의 섭취를 삼가야 한다. 식물성유지 즉 트랜스지방은 발암성이 높은 물질이다. 기름은 고온에서 짜고 있는데 고온에서는 기름이 산화하게 된다.

산화한 기름은 과산화지질이 되고 이런 기름은 염증을 유발하는 물질로 쉽게 변화한다. 따라서 염증이 있는 사람은 리놀산이 많은 기름 섭취를 줄여야하며 알레르기 환자도 기름 섭취를 줄여야 한다.

아토피성 피부염, 비염, 혈막염, 중이염, 기관지염, 간염, 신장염, 방광염 등은 모두 염증질환이며 류머티즘도 염증반응으로 이 부위에 발암물질이 침투하면 암이 발병되기 쉬운 상태가 되기 때문이다. 모든 것이 연소하면 곧 산화하듯이 몸에 염증이 있다는 것 자체가 산화한다는 것이며 이로 인해 암에게 한 걸음 더 다가가게 되는 것이다.

따라서 기름은 식물성기름 중에서도 산화가 덜 되는 기름, 트랜스지방이 적은 기름을 섭취하는 것이 좋다. 참기름이나 유채씨 기름, 아민인유 등이 여기에 해당된다. 그러나 기름은 췌장과 담낭에 부담을 주는 음식이므로 가급적 적게 섭취하는 것이 좋다.

고혈압과 신장은
어떤 관계에 있는가

우리가 섭취한 음식물은 소화, 해독, 분해된 다음 분자 단위의 영양소로 변환된 후 간장으로 가서 저장되며 거기서 다시 심장으로 이동한다. 그리고 심장에서 영양소와 혈액이 섞여 다시 폐로 이동하는데 이 폐에서 산소를 받아 비로소 완전한 혈액이 된다.

그런가 하면 신장은 오염된 혈액을 정화해서 심장으로 보내고 찌꺼기는 오줌으로 배출하는 역할을 한다. 즉 신장은 혈액을 거르는 필터 역할을 하는데 이 필터가 원활히 작동하지 않고 막히게 되면 고혈압이 되는 것이다. 이 신장의 모세관이 막혀 여과기능이 저하되면 막힌 곳을 통과하기 위해 심장에서 압력을 가할 수밖에 없다. 이렇게 되면 혈압이 오르게 된다.

심장은 좌심방에서 혈액을 내보내는데 심장에 압력이 가중되면 이 좌심방이 비대해지며 심장비대, 심부전으로 진행된다. 즉 신장은 커져서 신장비대가 되고 이는 신부전을 불러오며, 고혈압은 진행되어 신부전을 유발하게 된다. 이것이 고혈압의 합병증이다.

신장에 나쁜 것이 정제된 설탕과 정제된 소금이다. 신장은 당糖의 대사에 약하기 때문이다. 당뇨가 되면 신장에 합병증이 오며 당뇨병에서 고혈압으로 진행되기도 하고 또 고혈압에서 당뇨병으로 진행하는 경우도 있다. 신장은 당 외에도 칼슘과 칼륨, 단백질도 대사하는데 신장이 약해지면 오줌에 단백질이 섞여 나오기도 한다.

또 투석을 하는 사람의 경우 칼슘대사가 안 된다. 칼슘 흡수가 나빠지면 신장결석이나 방광결석, 요관 결석이 유발된다. 칼슘이 흡수되지 않고 그래도 배출되어 버리면 골감소증이 되는 것이다. 신장이 나쁘면 칼슘이 빠져나가 버리게 된다. 뼈가 약해지게 되고 연골이 튀어나오고 추간판椎間板헤르니아, 슬관절膝關節에 통증이 온다. 무릎이나 발목 연골이 튀어나오는 것은 신장이 약해져서 그런 것이다.

신장이 나빠지면 요산처리가 잘 안되어 요산을 심장으로 돌리게 된다. 이렇게 되면 심장의 혈중 요산치가 높아지고 이 요산이 관절에 쌓이면 통풍이 오게 된다. 동물성 단백질의 과다섭취는 장에 암모니아 발생을 유발하며 암모니아는 간장에서 해독돼 요산이 된다.

요산은 신장에서 처리되어 오줌으로 배출되는데 인돌이라는 물질은 간장에서 인독실 유산硫酸으로 변화해서 신장의 세뇨관을 파괴해 버린다. 따라서 이것을 예방하려면 장 속에 암모니아가 발생하지 않도록 해야 하며 이를 위해서는 생채소를 많이 섭취하는 것이 좋다. 생채소 속에는 효소와 GABA(알파-아미노 낙산)가 함유되어 있기 때문이다.

현미발효 식품에는 이 효소와 GABA가 풍부하며 특히 현미배아에 많이 함유되어 있다. 그러므로 고혈압과 당뇨환자들은 육식과 기름, 설탕의 섭취를 줄이는 대신 식물성 단백질이 풍부한 대두 등 콩류, 효소와 GABA가 풍부한 현미발효 효소를 되도록 많이 섭취하는 것이 좋다.

신장의 기능회복을 돕는
현미발효 식품

　신장의 혈액여과 기능이 저하되면 신장에서 레닌이라는 효소가 분비되는데 이 레닌은 말초혈관을 굳게 만든다. 즉 심장에서 말초혈관으로 혈액이 흘러가서 신장으로 돌아와 정화된 후 다시 심장으로 돌아가는데, 신장 여과기능이 떨어지면 심장으로 돌아오는 혈액량이 줄어들게 된다. 그러면 레닌이 생성되어 말초혈관을 굳히게 되는 것이다. 이렇게 되면 신장에서 나온 혈액이 말단까지 가지 않고 빠른 속도로 많은 양이 신장으로 되돌아오게 된다. 신장의 기능을 높이기 위해서 몸이 그렇게 움직이는 것이다. 그 결과 손과 발끝의 혈액량이 줄어들어 손발이 차고 건조하게 되어 손발이 트는 증상이 나타난다. 이로 인해 발뒤꿈치가 갈라지기도 하는데 이런 사람은 신장이 약하다. 이 증상이 몸 위로 올라오면 팔꿈치와 무릎이 딱딱해지는 증상이 나타난다. 그리고 이것이 더 진전되면 귀의 모세혈관 혈류가 나빠져 난청이 일어나게 된다.

신장이 약해져서 크레아틴(Creatine)이 다량 분비되면 인공투석을 해야 하는데 인공투석을 하는 사람 가운데는 그래서 보청기를 사용하는 사람이 많은 것이다. 신장이 나빠지면 귀가 나빠지고 간장이 나빠지면 눈이 나빠지며 증상이 더 악화되면 뇌의 모세혈관이 막히면서 치매가 오게 된다.

크레아틴(Creatine) ─────────────────────────────────

아미노기 대신 구아니딘기를 가진 아미노산 유사물질로 척추동물의 근육 속에 다량으로 존재하는데, 인산과 결합해서 크레아틴인산으로 존재하다가 산소가 결핍되면 근육에서 ADP를 ATP로 인산화시키면서 다시 인산과 크레아틴으로 분해된다.

혈압이 높은 사람, 이명이 있는 사람, 요통이 있는 사람은 모두 신장이 나쁘다. 신장이 나쁘면 요통이 생긴다.

신장을 튼튼하게 하기 위해서는 검은콩, 미역, 우엉, 매실을 섭취하는 것이 좋다. 그리고 현미발효 식품인 곡류효소는 신장에 매우 좋은 기능성식품이다. 신장은 갑상선과 부갑상선의 호르몬 밸런스로 칼슘을 대사하기 때문에 현미효소가 좋은 것이다. 현미곡류 효소는 골감소증에도 좋은 식품이다.

레닌(Rennin)에 의해서 폐에서 앤지오텐신이라는 호르몬이 생성되면 혈압이 올라간다.

혈압강하제는 그래서 앤지오텐신을 차단하는 효과를 가진 약이다. 폐호흡을 하면 앤지오텐신이 늘어나고 이는 혈압을 올리는데 특히 복식호흡을 하면 앤지오텐신을 차단하는 키닌이라는 호르몬이 만들어진다. 이 키닌은 혈압을 내리게 한다. 그리고 된장에 함유된 펩치도라는 물질도 앤지오텐신을 차단하는 효과가 크다. 또 연근과 우엉은 혈압을 정상으로 유지하는데 도움을 주는 식품이다. 혈압이 높은 사람은 매일 먹으면 좋다.

레닌(Rennin) ——————————————————————————————
젖 속에 들어있는 효소로서 단백질(카세인)을 분해하는 역할을 한다.

플라스민이 혈전을 녹이고 경색을 예방한다

레닌과 앤지오텐신이 나오면 신장이 나쁜 것이다.

혈관 내벽은 항상 생채기가 나고 구멍이 나게 되어 있는데 여기에 혈소판이 붙으면 혈전이 생성된다. 이 혈전이 떨어져나가 혈관 끝으로 가면 혈관을 막히게 만들고 이렇게 되면 혈관 끝이 부패하게 된다. 그래서 혈전은 녹여서 없애야 하며 이 혈전을 녹이는 물질이 혈전용해 효소인 플라스민이다.

플라스민이 없으면 늘어난 혈전으로 혈관이 막히게 된다. 그리고 뇌의 혈관이 막히면 뇌경색, 심장의 혈관이 막히면 심근경색이 되는 것이다.

이 플라스민을 만드는 효소가 우로키나아제라는 효소이다. 이 우로키나아제는 신장에서 만들어지는데 신장이 약해지면 우로키나아제를 만들지 못하게 되고 이로 인해 뇌경색과 심근경색이 오는 것이다. 이것이 고혈압의 합병증이다. 당뇨도 마찬가지이다. 당이 높으면 신장에 부담이 되기 때문이다.

우로키나아제의 원료는 콩이다. 그러므로 콩을 많이 먹어야 한다. 당뇨병 환자는 식사를 콩 단백질과 저칼로리, 고비타민, 고미네랄 음식으로 전환해야 하는 것이다.

신장이 나쁜 사람은 열량을 하루 1,500칼로리 이하만 섭취해야하며, 당뇨병 환자도 마찬가지이다. 신장병이 있는 사람도 고비타민, 고미네랄, 저단백질 음식으로 밥상을 바꿔야 한다.

우로키나아제를 많이 함유한 식품으로는 낫또(나토키나아제)가 있다. 따라서 신장결석이나 방광결석, 콜레스테롤이 높은 사람은 낫또를 먹는 것이 좋다. 낫또에 깨와 양파를 썰어 넣고 함께 먹으면 콜레스트롤이 낮아지고 인체 내의 결석성분을 녹이는 효과가 있다.

신장은 예민하게 기능하는 침묵의 장기이며 생명에너지를 만드는 장기이다. 장시간 냉방을 하거나, 자기 전에 음식물을 섭취하는 것은 신장에 좋지 않다. 충분한 휴식과 수면을 하는 것이 신장에는 좋다. 그래야 혈압이 안정되고 뇌졸중이나 심근경색에 걸리지 않는 것이다.

신장을 튼튼히 만드는 하루의 음식

1. 하루 섭취 칼로리는 1,200~1,500칼로리

2. 현미 200g

3. 깨 약 35~40g

4. 두부 300g, 검정콩 두부면 더 좋다.

5. 생채소 400g, 채근류 100g

6. 된장국

7. 검정콩과 미역 4~6 큰 숟가락

8. 매실과 우엉 60g

9. 현미곡류 효소

10. 아침에 효소칵테일 한잔

점심과 저녁에는 1~9번의 음식물과 약알칼리성 생수 1~2리터를 천천히 마시면 좋다.

적당한 운동은 자연의 섭리

　신진대사를 활발히 하기 위해서는 혈액순환, 폐순환이 원활해지도록 적당한 운동이 필요하다. 적당한 양의 운동은 심신을 건강하게 하며 마음에 평안을 준다. 우리가 운동을 하면 심장은 활발하게 움직이며 혈관의 수축과 이완에 의해 혈액은 전신에 산소와 영양을 골고루 순환시킨다. 바로 이때 중요한 역할을 하는 것이 근육이다. 근육 중에서도 다리 근육은 몸 전체의 7할 정도를 차지하고 있다. 그래서 다리는 제2의 심장이라고도 한다. 따라서 다리가 약해지면 심장도 약해진다.

　심장의 박동 수는 1분에 72회로 36도인 체온의 2배이며, 폐호흡은 1분에 18회인데 이는 1분에 18회씩 들어오고 나가는 바다의 파도와 같다.

　우주의 파랑(波浪-대기의 찬 공기와 더운 공기의 교류)이 1분에 18회로서 이 파랑에 의해서 파도도 18회가 발생하는 것이다.

인간의 호흡도 우주의 법칙을 따르고 있다. 심장 박동수 72를 2배하면 혈압의 수치가 되고 혈압수치를 다시 2배하면 288이 되는데 이는 임신 기간에 해당한다. 참으로 오묘하지 아니한가.

.

건강은 누가 그냥 주는 것이 아니다. 오직 내가 챙겨야 하고 제대로 된 정보를 얻어 실천에 옮겨야 한다. 몸이 원하는 올바른 음식과 적당한 운동, 평온한 마음이 퇴행성 질환과 생활습관병을 고치는 지름길이라는 것을 잊지 말자. 수명 백 세 시대를 앞둔 우리로서는 유병장수가 아닌 무병장수의 길로 나아가야 하는 것이다.

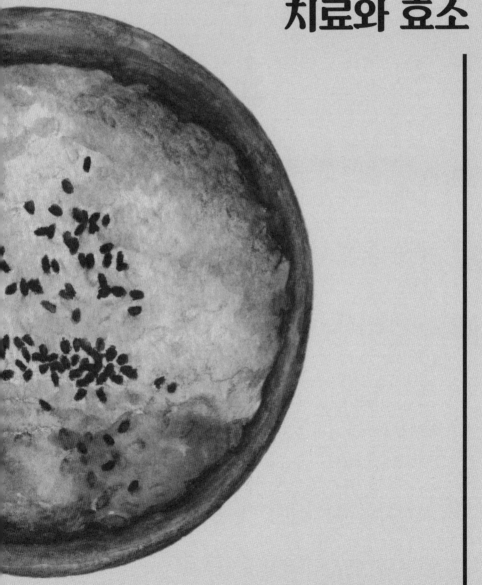

PART 07

치료와 효소

메타볼릭 증후군과 대처법

우리 몸이 건강하려면 무엇보다도 신진대사가 잘 이뤄져야 한다.

신진대사(Metabolism)는 물질대사物質代謝라고도 하는데 우리가 음식물을 섭취했을 때 영양소를 적절히 분해해서 인체 에너지와 세포재생을 위해 사용하고 불필요하거나 과잉 섭취한 물질을 잘 배설하는 경로를 말한다.

아무리 좋은 음식물을 섭취하더라도 몸 안에 이상이 생겨, 소화해서 인체 내에 영양소로써 흡수하지 못한다거나 혹은 과식으로 필요 이상의 영양이 체내에 축적되는 것은 몸에 이롭지 않다. 따라서 적당한 양의 음식물을 골고루 섭취하고 매일 자신의 몸에 맞는 운동을 계속하는 것이 건강을 유지하는 지름길인 것이다.

그러나 바쁘고 복잡한 사회를 사는 현대인에게는 안타깝게도 이러한 삶을 사는 것이 매우 어려운 게 현실이다. 과음이나 과식, 폭식은 물론 환경에서 오는 스트레스가 심해지다 보면 자신도 모르는 사이에 영양분의 체내 축적이 많아지고 이것이 잘못된 생활습관으로 자리 잡게 된다. 이 같은 생활습관병은 임상적인 시술이나 약물치료가 아닌 생활습관을 바로잡는 장기적인 치료가 필요한 것이다.

이 생활습관병을 '메타볼릭 신드롬'이라고도 하는데, 일본의 후생노동성 발표에 의하면 일본 중년남성의 2명 중 1명은 메타볼릭 증후군이거나 그 후보생이라고 한다. 메타볼릭 증후군은 심장질환과 비만, 고지혈증, 고혈압, 당뇨병 등 우리가 흔히 말하는 퇴행성질환의 원인이 되고 있다.

이 메타볼릭 증후군의 중요한 원인 가운데 하나가 췌장에서 만들어지는 호르몬인 인슐린이 제대로 만들어지지 못하거나 제 기능을 하지 못하는데 있다. 이를 '인슐린 저항 증후군'이라고도 하는데 인슐린은 우리 몸에서 분해된 포도당을 체내 각 기관의 세포에 운반하는 역할을 하고 있다. 때문에 이 기능에 이상이 발생하면 당뇨병과 고혈압이 유발되고 근육에 통증이 오게 되는 것이다.

일반적으로 복부비만과 당뇨, 고밀도 콜레스트롤 감소, 고혈압, 중성지방 등 아래 5가지 지표 가운데 3가지가 기준치를 넘으면 대사증후군으로 볼 수 있다.

1. 복부비만: 허리둘레 남성 36인치, 여성 32인치 이상

2. 중성지방: 150㎎/㎗ 이상

3. 고밀도 콜레스트롤: 남성 40㎎/㎗, 여성 50㎎/㎗ 미만

4. 공복 혈당: 110㎎/㎗ 이상 또는 당뇨병 치료 중

5. 혈압: 수축기 140㎜Hg 이상 또는 이완기 90㎜Hg 이상

이와 같은 기준을 적용하면 우리나라도 30대의 15~20%, 40세 이상의 30~40% 정도가 대사증후군을 보이는 것으로 나타났다.

잘못된 식습관이
모든 질병의 원인

현대인에게 있어서 메타볼릭 증후군은 건강에 이상이 왔다는 적신호이며 서서히 생명을 단축시키는 무서운 질환이다. 임상학적인 시술이나 단기간적인 치료에 의존해서 치유될 수 있는 병이 아니다. 무엇보다 적절한 식습관을 유지하고 체지방분해를 위한 근육 및 유산소 운동을 꾸준히 함으로써 치료될 수 있다. 아울러 적절한 건강기능성 식품을 섭취해서 체내 영양소의 균형을 유지하는 것이 필요하다.

질병의 가장 좋은 치유방법은 병에 걸리지 않도록 하는 것이다. 올바른 식생활, 규칙적인 운동, 스트레스 없는 편안한 마음만 지닐 수 있다면 건강은 보장된다.

영국의 한 연구에 의하면 부적절한 음식물의 내용이 암에 걸리는 원인의 약 35%를 차지하는 것으로 조사됐다. 따라서 식사를 개선하는 것만으로도 암의 예방효과는 크게 높아지는 것이다. 건강한 식습관을 유지하게 되면 폐암의 경우 20%, 유방암과 췌장암은 50%, 위암은 35%, 특히 대장암은 90%감소하는 것으로 추정되고 있다.

미네랄이 과다하면 관절염을 일으키게 되고, 단백질이 과다하면 암을 유발한다. 또 과다한 지방은 콜레스트롤 수치를 높이며 과다한 당분은 당뇨병의 원인이 된다.

건강하지 못한 식습관의 폐해에 대해서는 일찍이 미국 상원의 위원회가 발표했던 유명한 맥거번 보고서가 있다. 1977년 1월 발표된 미 상원영양문제특별위원회 보고서 '잘못된 식습관이 모든 질병의 원인이다'가 바로 그것이다. 이 보고서가 발표된 이후 미국에서는 암의 치유를 위해서 식물 유래물질을 많이 섭취하고 효과가 뛰어난 식물유래 기능성 식품을 복용하기 시작했다. 또 항암제 사용은 줄이는 등 지금까지와는 다른 치유법을 찾아보는 방향으로 질병에 대한 대처 방법과 생활습관이 크게 변화했다. 이런 변화가 효과를 나타내면서 1990년 이후 미국에서는 암 발병률이 현저하게 낮아지고 있다.

영양과 병의 깊은 인과관계를 의과대학에서는 가르치지 않았다. 그러나 맥거번 보고서 이후 미국에서는 의사들이 영양학을 필수과목으로 공부하고 있다. 미국에서는 의사가 환자들에게 식생활의 개선을 지도하기도 한다. 특히 효소영양학에 대한 올바른 지식과 실천이 건강과 장수에 이르는 지름길이 되고 있는 것이다.

난치병이 서양의학으로
치유되지 않는 이유

질병은 예방이 가능하다.

올바른 생활습관이야말로 질병을 예방하는 지름길이다. 서양의학은 질병을 찾아내는 검사와 대증요법적 치료에는 효과적이다. 치료를 위한 의학의 발달과 신약개발 분야에서 서양의학은 분명 괄목할만한 성장을 거듭하고 있다. 그러나 안타깝게도 치료보다 병에 걸리지 않도록 하는 예방의학은 소홀히 취급되고 있는 것이 현실이다. 결과 대처방식, 즉 대증요법인 서양의학으로는 질병의 원인 근절이 어렵다.

병에 걸려 치료하는 것보다 병에 걸리지 않는 것이 좋다. 이제 의학계도 치료보다는 예방을 위한 의술에 보다 많은 인적, 물적 자원을 투자해야 할 때이다. 약은 아무리 좋은 약이라 할지라도 부작용이 없을 수 없다.

약은 병의 원인을 개선하지 않을 뿐 아니라, 약 성분은 순수한 화학물질이기 때문에 몸에 들어가면 인체의 항상성(恒常性)이 급격하게 허물어진다. 또한 약은 장내의 유익균도 함께 죽인다. 특히 항생물질과 항암제는 유익균을 제거함으로써 인체의 면역력을 저하시킨다. 약의 강력한 부작용은 병을 치유하는데도 도움을 주지만 동시에 병을 더욱 악화시키는 역효과도 매우 큰 것이다. 게다가 약은 질병을 예방하는 데에는 전혀 효과가 없다.

양약은 자연계에 존재하지 않는 순수한 화학물질이기 때문에 몸속에 들어가면 인체 체제를 교란하는 역효과가 없을 수 없다. 자연계에 존재하지 않는 물질을 인체는 받아들이지 않는 것이다.

한방약도 한계가 있다. 달인 한약은 섭씨 100도 이상에서 탕제 함으로써 효소가 완전히 제거된다. 저온 탕제가 필요한 이유이다.

결국 양방도 한방도 근본적인 치료법이 못 되며 근본치유는 식사 내용의 개선에 있다. 모든 질병의 근본원인은 잘못된 식생활과 스트레스로 인해서 발생한다. 인체에 유해한 음식물을 섭취하거나 심한 스트레스를 받게 되면, 장내 유익균이 격감하고 부패균이 증식한다. 그 결과 장내에 부패가 일어나고 변에서 악취가 나며, 설사 또는 비정상적인 변이 배설되는 것은 물론 고약한 방귀가 방출된다.

소화의 불량은 혈액을 오염시킨다. 피가 끈적끈적해지고 적혈구가 쇠사슬 모양으로 서로 이어진 형태가 되어 혈관, 특히 모세혈관을 원활하게 통과하지 못하게 된다. 건강한 적혈구는 하나하나가 독립적으로 분리되어 있어야 하며 그래야 혈관 속을 막힘없이 잘 흐를 수 있는 것이다. 즉 잘못된 식습관과 스트레스는 장내부패를 유발하고 이것이 혈액의 오염으로 이어져 각종 질병을 발생시키는 것이다.

소화불량은 임파구(면역구)의 절대수치를 줄이며, 중성지방과 콜레스트롤이 많아지게 해서 결과적으로 감염 바이러스의 번식을 초래한다.

오염된 혈액은 심장에서 협심증을 일으키고, 혈전은 이동해서 심근경색을 일으킨다. 또 각 내장기관은 돌연변이 현상을 일으키게 되어 암을 유발하고 여러 가지 질병을 발생시킨다.

TCA에너지회로(구연산회로)가 원활히 작동하지 않게 되고, 산을 근육으로 방출함으로써 강한 통증을 일으킨다. 적혈구의 연쇄連鎖형성 현상이 나타나 내치핵內痔核과 협심증, 백내장, 메니엘병(어지럼증), 생리통, 생리불순, 자궁근종, 정맥류, 손발의 강한 냉증, 전신의 모든 통증과 쑤심 현상 등 질환이 발생한다.

왜 예방의학이 중요한가

요즘 고혈압과 당뇨, 아토피, 암 등 퇴행성질환과 생활습관병으로 인한 환자는 갈수록 늘어나고 있다. 전국의 보건소와 종합병원은 언제나 환자로 가득하다. 의술의 발달은 수명을 계속 연장시키고 있지만 안타깝게도 현대는 무병장수가 아닌 유병장수시대이다. 그런데 경제활동을 할 수 있을 만큼 건강하지 못하고, 그냥 연명만 하는 장수라면 첫째 본인이 괴롭고 둘째 가족이 괴롭다. 또 국가적으로는 노동인구의 감소와 노인층 및 만성질환자의 대량 증가로 인해 의료예산의 과다지출을 초래하고, 경제활동 인구에게는 세금의 부담을 과중시키는 결과를 초래한다.

퇴행성질환이나 생활습관병은 간단히 한 번의 수술로 해결할 수 있는 성질의 병이 아니다. 당장 수술이 필요할 정도로 위급한 환자는 병원에 입원해 치료해야 하지만, 위급하지 않은 생활습관성 질환은 예방의 학이 담당해야 한다.

그러나 안타깝게도 아플 때 병을 고쳐주는 병원은 있어도 일상생활 속에서 어떻게 하면 병에 걸리지 않고 건강하게 살 수 있는지 지도해 주는 공적 기관은 없다. 보건복지부와 산하기관, 또는 매스컴 등에서는 인쇄물이나 방송 등을 통해 병들지 않고 건강하게 살아갈 수 있는 예방지침을 더러 안내하고는 있다. 하지만 한 걸음 더 나아가 널리 일반 국민들을 상대로 조직적이고 체계적으로 실효성 있는 예방의학을 지도하는 공공기관은 없다. 이런 부족한 공간을 대체의료를 시술하는 일부 특수병원이나 자연의학, 민간요법 등이 메우고 있는 것이 현 실정이다.

서식건강법西式健康法의 창시자인 일본의 니시가츠조西勝造선생은 태생적으로 매우 허약한 체질인데다 병이 잦아서 의사들은 그가 20세까지 살기 힘들 거라며 일찍이 사망선고를 내렸다. 니시는 어차피 죽을 것이라면 내가 내 병을 한 번 고쳐보겠노라고 다짐하고, 스스로 의학서를 섭렵하면서 자기 병을 고쳐나가기 시작했다. 그 결과 그는 자기 병을 치유했을 뿐 아니라 서양의학의 한계를 비판하고 자신만의 독보적인 의학을 체계화한 '의학의 혁명'이라는 책을 저술했다. 이 책은 의학과 민간요법을 집대성한 역작으로 근시안에 빠진 현대의학을 엄하게 질타하며 의학은 반드시 인간의 마음으로 귀착해야 하다고 주장했다.

그의 주장은 미국에서도 큰 호응을 얻었으며 현재 일본은 물론 우리 한국에도 그의 건강법을 따르고 실천하는 의사들을 포함, 많은 추종자들이 있다. 토목기술자로서 미국에 유학했고 일본에서 처음으로 지하철을 설계하는 업적을 이루기도 했던 그의 서식건강법은 시간이 갈수록 동서양을 막론하고 많은 사람에게 큰 공감대를 형성하고 있다.

대체의학은 시대의 대세

　오늘날 대체의료나 자연치유 요법은 거스를 수 없는 이 시대의 대세로 자리 잡아가고 있다. 이중에서도 유럽, 특히 독일은 대체의료에 대한 연구와 지원이 매우 활발하게 진행되고 있다.

　독일의 경우, 전체 의료의 15%이상이 이미 대체의료에 의해 환자들에게 시술되고 있으며, 독일은 물론 미국 등 선진국에서는 의료보험이 이런 대체의료에도 적용이 되고 있을 정도이다. 그러나 우리 한국은 불행하게도 대체의료가 아직 기존 의료시스템의 높은 장벽을 넘지 못하고 있다.

　퇴행성질환이나 생활습관병의 치유는 현대의학이 담당하기에는 역부족이다. 병든 사람을 치료하는 현대의학의 중요성을 평가절하해서는 안되지만 어쩌면 대중요법 위주인 현대의학보다 더 중요하고 국가의 의료자원을 우선적으로 투입해야 할 분야는 예방의학이다.

당장 아픈 사람은 고쳐야 하지만 사람들이 아프지 않도록 해서 환자의 절대 수를 줄여나가는 것이 복지를 향상하고 국가 경쟁력을 높이는 길이기 때문이다.

서식건강법에서는 인체 4지四肢의 건강이 전신건강에 필수조건이라고 주장한다. 특히 발에 이상이 있으면 인체의 역학적 불균형을 초래해 병을 유발한다는 것이다. 그리고 혈액순환의 원동력이 모세혈관에 있다고 주장한다. 모세혈관망은 모세혈관과 '글로뮈'로 구성된다. 글로뮈란 모세혈관이 수축할 때 가는 세細동맥의 혈액이 모세혈관을 거치지 않고 바로 세細정맥으로 흘러가게 하는 옆길(By pass)혈관으로 모세혈관 하나에 하나씩 붙어있다고 한다. 말하자면 혈액의 비상통로가 되는 것이다.

현대의학은 혈액순환의 원동력이 심장에 있다는 심장펌프설인데비해 니시의학은 심장의 수축운동보다 모세혈관망의 모세관 현상에 의한 흡인력에 의해 더 많이 이뤄진다고 보고 있다.

모세관 현상으로 모세혈관이 진공상태가 되면 강한 흡인력을 발현하는데 이것이 혈액을 순환시키는 원동력이라는 것이 니시의학의 이론이다. 심장의 펌프운동만으로 전신에 혈액을 순환시키는 것은 역부족이며, 약 51억 개에 달하는 모세혈관과 글로뮈를 혈액순환의 주 원동력으로 본다. 모세혈관과 글로뮈의 협동 그리고 심장과의 합동작용에 의해 혈액순환이 이루어진다는 것이 니시의학의 혈액순환 이론인 것이다.

인체 내의 모세혈관은 약75%가 팔과 다리에 모여 있다. 그래서 혈액순환을 원활히 하기 위해서 사지운동을 강조하고 있는 것이다. 여기에 니시의학은 음식과 식습관의 중요성을 강조하며 배설 기능을 원활히 하기 위해서 아침식사를 거르고 생채소즙을 먹고 생수와 감잎차를 자주 마시라고 가르치고 있다.

그리고 피부의 기능을 강화시키는 것이 중요하고 암은 체내의 산소 부족으로 일산화산소가 쌓이는 것이 하나의 원인이며 긍정적인 생각이 건강에 필수적이라고 주장한다. 현재 우리나라에는 이 니시의학을 받아들여 단식을 지도하고 또 식생활과 생활습관의 개선으로 퇴행성질환과 생활습관병을 이겨내는 사람들이 나날이 늘어나고 있다.

사실 단식과 식습관, 생활습관의 개선만으로도 당뇨나 고혈압을 물리칠 수 있으며 암도 얼마든지 예방할 수 있다. 바로 이런 일을 일부 대체의료를 하는 병원과 자연의학, 민간요법 지도자들이 맡아하고 있는 것이다.

소화기관의 질병이
난치성 만성병의 원인

트림이나 소화불량은 위산과다가 그 원인이라고 생각하는 사람들이 많은데 사실은 그 반대이다. 대부분의 경우 위산부족에 그 원인이 있다.

위산의 주성분인 염산은 펩시노겐(Pepsinogen)이라고 불리는 효소를 펩신(Pepsin)으로 변환시키는데 이 펩신은 단백질 분해효소로서 만약 이 위산(염산)이 적어지면 단백질 분해는 점점 더 어렵게 된다.

> **펩신(Pepsin)**
>
> 펩신은 주세포(Chief cell)에서 분비되는 소화효소(Digestive enzyme)로서 단백질(Protein)을 펩타이드(Peptide)로 분해하는 기능을 한다. 펩신이란 이름은 소화를 의미하는 그리스어 Pepsis에서 유래되었다. 1836년 독일의 생리학자 슈반(Theodor Schwann)이 발견했으며, 최초로 발견된 동물효소이다. 활성이 없는 펩시노겐(Pepsinogen)으로 만들어져 저장되어 있다가 가스트린(Gastrin)이나 미주신경(Vagus nerve)과 같은 분비 신호가 오면 분비된다. 펩시노겐이 분비될 때면 보통 벽세포(Parietal cell)에 의한 염산의 분비도 같이 이뤄진다. 펩시노겐은 소화활성이 없으며, 펩신에 비해 44개의 아미노산(Aminoacid)을 추가적으로 갖고 있다.

펩시노겐이 염산과 함께 분비되면, 염산에 의해 위의 pH가 내려가고 이러한 환경에서 펩시노겐은 추가적으로 갖고 있는 44개의 아미노산을 스스로 잘라내고 펩신이 된 후 단백질을 분해하는 능력을 갖게 되는 것이다. 평소에 활성이 없는 펩시노겐의 형태로 저장하는 것은 위 자체의 단백질이 펩신에 의해 분해되는 것을 막아준다.

단백질에서 페닐알라닌(Phenylalanine)과 타이로신(Tyrosine)과 같은 방향족아미노산(Aromatic amino acid)이 있는 부분을 잘라내며 발린(Valine), 알라닌(Alanine), 글리신(Glycine)과 같은 아미노산이 있는 부분은 분해하지 못한다. pH가 낮은 강한 산성 환경에서 활성도가 높으며, 최적의 활성은 pH3에서 나타난다.

그런데 제산제나 위장약은 이 위산(염산)을 억제하는 약으로서 일시적으로 효과가 있는 것처럼 느낄 수 있지만 실은 소화불량을 조장하는 것이다.

이 같은 소화불량은 장내 잔류물의 부패를 발생시켜 질병으로 이어지므로 제산제나 위장약의 상용은 피해야 한다. 그리고 위산부족(위 하부의 염산부족)은 여러 가지 많은 위산을 뒤섞이게 만들어 질병을 유발하는 소화기관 질병이 더 큰 질병과 난치성 질병, 만성병을 불러오는 원인이 되는 것이다.

이 질병들의 예방 또는 치유를 위한 방법으로는 일정기간의 단식이 효과가 있다. 이와 함께 효소 보조제를 섭취하는 것이 좋다. 즉 단식으로 소화기관을 깨끗하게 청소하고 휴식을 취하게 함으로써 건강하고 정상적인 기능을 되찾게 하며, 효소보조제를 섭취함으로써 신진대사를 촉진하는 한편 면역기능도 강화시켜 주는 것이다.

174

병이 나면
아무것도 먹지 말자

사람이 병에 걸리면 우선 음식물은 소화가 잘되는 것을 섭취해야한다. 식욕이 떨어지는 것은 몸이 병에 걸리고 있다는 신호를 보내는 것이다. 건강회복을 위해 인체 내 효소가 지금 매우 바쁘니까 효소를 필요로 하는 음식물을 지금은 몸 안에 넣지 말라는 신호인 것이다.

이것을 잘못 알고 몸이 아프니 체력이 떨어져 있고 그래서 무리해서라도 무얼 좀 먹어야 한다고 모두들 오해하고 있다. 매우 잘못된 상식이다.

동물들은 몸이 안 좋을 때는 아무리 맛있는 것을 앞에 갖다 놓아도 먹지 않고 가장 편한 상태로 몸을 쉬게 한다. 단식함으로서 몸 안의 효소를 온존시켜서 건강을 회복하도록 효소의 활동을 돕는 것이다. 동물들은 이 방법을 본능적으로 알고 있다.

사람도 아플 때는 소화기관에 가급적 부담을 주지 말아야 한다. 그리고 건강회복에 직접적으로 도움을 주는 효소, 보효소(비타민, 미네랄), 파이토케미칼 등의 영양소를 섭취함으로써 체력을 회복시켜야만 병을 이길 수 있다.

단식은 병과 노화예방을 위한 효소의 뛰어난 저축법이다. 단식은 보통 3일에서 5일, 7일, 10일까지 체력상태에 따라 기한을 설정해 놓고 하는데 단식을 하면 다음과 같은 효과가 있다.

단식의 효과

- 체내 잠재효소 온존
- 모든 내장 기관의 휴식
- 대장의 청정화
- 혈액이 맑아지며 특히 임파구, 백혈구의 힘이 강해진다
- 면역력 강화: 임파구, 백혈구의 힘이 활성화되는 것은 물론 사이토카인이라는 강력한 물질이 생성되어 항염증작용, 항종양작용, 항균작용, 항바이러스 작용이 강화된다.
- 독소 배설효과: 소장, 대장의 숙변 제거뿐 아니라, 세포변비도 해소. 독소가 완전 제거되지 않으면 세포 내에 독소가 붙어있게 된다. LDL콜레스트롤, 중성지방, 진균(곰팡이), 각종 세균과 병원성 바이러스 등으로 이것들이 몸 여기저기에 염증을 일으킨다.

- 병의 개선: 모든 병이 근본적으로 치유되거나 개선된다. 암, 알레르기, 생활
  습관병, 류머티즘열熱, 경피증, 피부근염, 심장병, 신장병, 간 장애, 뇌의 손상,
  고혈압, 당뇨 등 모든 병에 효과적이다.

- 적정 체중 유지: 비만은 세포변비와 노폐물이 가득 찬 세포로 인해 생긴다.
  따라서 모든 장기의 상태가 건강하지 않을 때 단식은 세포의 질을 좋게 만
  든다.

- 호흡기관, 순환기관의 개선: 단식은 우선 호흡기능이 개선되며 공기가 맛있
  게 느껴진다. 이는 오염된 폐가 깨끗해져 영양소와 산소공급이 원활해지기
  때문이다.

- 진통효과: 피가 깨끗해지면 TCA회로가 원활하게 흐르게 되어 대체에너지
  회로인 혐기성 에너지회로의 출현이 없어지고 유산이 근육에 들어가는 일
  도 없어진다. 이로서 통증이 사라지는 것이다.

- 두뇌, 감각의 예민화: 뇌 속의 혈액을 정화하기 때문에 뇌신경이 원활히 흐
  르게 되어 기억력이 돌아오고 사고회로도 원활히 회전하게 되며 아울러 감
  각도 예민해진다.

효소와 마그네슘

효소가 인체 내에서 활동할 때 비타민, 미네랄은 그 보조역할을 한다. 이 중에서도 마그네슘은 그 역할이 매우 크다. 정상적인 효소의 활성을 위해서 인체는 충분한 양의 마그네슘을 필요로 한다. 따라서 마그네슘이 다량 함유된 과일, 생채소, 해조류를 꾸준히 섭취하는 것이 좋다.

가열 조리된 육류와 생선, 계란의 과식, 담배, 술의 과다섭취, 식품첨가물, 그리고 일상적인 스트레스는 효소의 소모와 고갈을 촉진한다. 이렇게 해서 소화효소의 낭비가 크면 대사효소의 절대량이 감소하게 되고 세포 내 미네랄, 특히 마그네슘이 대량 소모되는 것이다.

마그네슘은 효소의 활성을 돕는 으뜸가는 보조제로서 효소와 하나가

되어 활동한다. 마그네슘이 소화활동을 위해서 과잉 소비되면 세포 내에 있는 마그네슘이 대량 유출된다. 이 때 마그네슘이 빠져나간 빈자리에 들어가서는 안 되는 칼슘이 들어가면 세포 내에서는 정상의 범위를 넘어선 다량의 칼슘이 존재하게 된다. 이렇게 될 경우, 세포는 매우 긴장해서 수축과 경련을 일으키게 되는 것이다.

이 같은 긴장상태가 지속되면 여러 부위에서 통증이 발생한다. 근육에서는 근육통, 장딴지 경련, 어깨통증, 관절염, 심장에서는 협심증, 맥박이 자주 뛰는 일이 생긴다. 또 부정맥, 자궁에서는 근종, 생리불순, 내막증內膜症, 기관지에서는 기관지염, 기관지천식, 동맥에서는 고혈압, 당뇨병, 동맥경화, 심근경색이 일어난다. 신경에서는 정신이상, 학습능력저하, 뇌졸중, 편두통, 기타부종, 충치, 골감소증, 결석 등 거의 모든 증상이 나타나는 것이다.

결국 생채소나 과일, 해조류 부족이 이런 큰 결과를 초래 하는 것이다. 인체에 있어서 마그네슘이 칼슘보다 더 중요한 역할을 한다는 사실이 이미 확실해졌다. 마그네슘의 양이 칼슘과 같거나 그 이상 없으면 뼈는 만들어지지 않는다.

마그네슘은 대부분 세포 내에 존재하며 세포 외에 있는 마그네슘과의 비율은 4:1이다. 반대로 칼슘은 거의가 세포 외에 존재하고 있으며 외부와 내부의 칼슘비율은 1,000:1이다.

인체 내에서 효소의 수요가 많아지면 보조제인 마그네슘의 수요도 함께 늘어난다. 마그네슘이 부족하게 되면 심장과 호흡기계 질환, 신경계, 부인과 계통 질환의 원인이 된다. 바로 이 때 세포 내에 필요한 마그네슘 양이 부족하면 그 빈자리에 칼슘이 들어가 버리게 되는 것이다. 이 같은 마그네슘의 세포 내 결핍원인은 거의가 나쁜 음식물에 의한 소화효소의 과잉 낭비에 있다. 따라서 효소가 듬뿍 함유된 음식물과 충분한 비타민, 미네랄을 섭취해야 우리 몸은 건강해지는 것이다.

활성산소와 프리 래디컬

영국식품기준국(FSA)에 의하면 감자튀김과 시리얼 등 곡물을 기름에 튀겨서 만든 과자에는 발암물질인 아크릴아미드가 다량 함유되어 있는 것으로 나타났다. 고온의 기름에 튀길 때 발암물질인 아크릴아미드가 발생하는 것이다.

스웨덴 식품당국도 일반적인 감자튀김에는 WHO기준의 500배, 패스트푸드점의 감자튀김에는 기준의 1,000배에 해당하는 아크릴아미드가 함유되어 있다고 발표했다.

기름에 튀긴 음식은 산화되기 쉽고 활성산소 및 프리 래디컬의 해독에 노출되어 있다. 그리고 트랜스지방은 인공적으로 만들어진 기름으로 세포를 파괴하는 무서운 물질이다. 이 트랜스지방은 마가린에 대량

들어있다. 산화된 트랜스형 지방을 함유한 식품들은 우리 인체에 극히 유해한 음식인 것이다.

건강한 인체는 약알칼리성

우리 인체는 약알칼리 상태일 때 가장 건강하며 몸 상태가 산성 쪽으로 기울면 병이 오게 되어 있다. 따라서 우리 몸은 약알칼리성으로 유지시켜 줘야 한다.

우리 몸의 약 70%를 구성하는 수분 역시 약알칼리성이어야 하며 약 7.7%를 차지하는 혈액 또한 약알칼리성이어야 한다. 건강한 혈액과 체액은 약알칼리성(pH7.3~pH7.4)이고, 약알칼리성 혈액과 체액 환경에서는 암세포가 살 수 없다.

혈액이 산성화되면 피가 끈적끈적한 상태가 되는 어혈이 된다. 어혈을 산독증酸毒症이라고도 한다. 바로 이 맑지 않은 끈적끈적한 피가 온갖 질병을 유발하게 되는 것이다.

우리가 매일 마시는 물도 약알칼리성이어야 하고, 우리가 섭취하는 음식물 또한 알칼리성이라야 좋다. 문제는 우리가 섭취하는 음식물이 점점 산성화되고 있다는데 있다. 곡물이 자라는 논밭의 토양부터가 점차 산성화되고 있고, 하늘에서는 산성비가 내리고 있다. 이에 따라 곡물과 채소, 과일도 산성화되고 있으며 지하 암반수도 산성화되고 있다. 산에 가서 마시는 약수도 150미터 지하 암반수도 산성화되고 있다. 서울 방배동의 우면산 약수(적합 판정을 받은)와 경기도 화성시 서신면의 청정 지역 지하 150미터 암반수를 채취해서 pH를 측정한 결과 pH6.8내외의 약산성으로 나타났다.

---

pH

수소 이온농도를 나타내는 기호이다. pH7은 중성을 나타내고, pH7에서 pH14까지는 알칼리성, pH1에서 pH7까지는 산성이다. pH14는 강알칼리성, pH1은 강산성이다. 약알칼리성은 pH7.3에서 pH7.4 사이가 된다.

혈액이 산성화하면 몸은 알레르기 체질이 되고 코, 눈의 점막을 녹이는 호산균好酸菌이 늘어나게 된다. 호산균이 늘어나 점막이 얇아지면 꽃가루 등 유해물질이 쉽게 몸 안으로 침입하게 된다. 이런 꽃가루 등의 이물질이 침입해 들어오면 백혈구는 이물질을 퇴치하기 위해 히스타민을 방출해서 이물질을 공격한다.

벌레에 물린 부분이 빨갛게 변하는 것은 이처럼 히스타민이 방출되고 있음을 보여주는 것이다. 그래서 벌레 물린 피부에 바르는 약에는 항히스타민제가 들어있다.

왜 아이들이 침과 콧물을
흘리지 않을까

우리는 알칼리성 음식물을 일상적으로 섭취해야 하며 대표적인 알칼리성 음식이 매실과 미역, 그리고 현미이다.

현미는 몸의 균형을 약 알칼리성으로 유지하는 감지기와 같은 역할을 한다. 단 음식은 가능한 한 섭취를 줄이고 매실, 미역, 현미를 꾸준히 섭취하면 비염(화분증), 아토피성 피부염 등 알레르기성 질병 치유에 큰 도움이 된다.

단 것(설탕)은 백혈구가 세균을 잡아먹는 식균食菌능력을 저하시킨다. 그리고 음식물을 잘 씹지 않으면 침의 분비가 부실해져서 장의 점막이 약해진다. 이렇게 되면 바이러스가 쉽게 세포를 통과할 수 있게 되어 우리의 몸 안으로 침입하게 되는 것이다.

점막을 강하게 하는 호르몬 물질로는 파로틴(Parotin)이 있다. 파로틴은 이하선耳下腺, 즉 귀밑샘에서 방출된다. 음식을 잘 씹어 먹으면 침 분비가 좋아지고 이하선에서 파로틴의 분비가 잘 된다. 그러나 음식물을 잘 씹지 않거나, 단 것을 먹게 되면 침 분비가 나빠지고 파로틴이 부족하게 된다. 그래서 음식물은 잘 씹어서 먹는 것이 좋고, 단 것은 가급적 적게 먹는 것이 좋은 것이다. 단 것을 먹었을 때는 소금을 조금 섭취해서 중화해 주면 좋다.

파로틴(Parotin) ────────────────────────────

귀밑샘에서 주로 분비되는 침샘호르몬, 귀밑샘을 뜻하는 독일어 Parotis에서 유래한다. 선세포로부터 다른 침성분과 더불어 관강管腔내에 분비되고 배출관에서 구강 내에 유출하기 전에 배출관의 일부인 조문부條紋部에서 침이 재흡수될 때에 호르몬도 동시에 흡수되어 혈액 속으로 들어간다.

1944년에 소의 이하선으로부터 분리 정제하는데 성공하고, 또 소의 악하선(턱밑샘)에서도 단리單離되었는데 이것은 S-파로틴이라고 한다. 이는 17종의 아미노산으로 되어 잇는 글로불린성 단백질이며, 조직의 발육, 영양의 도모, 경조직硬組織의 발육을 촉진한다. 근무력증, 위하수증, 변형성 관절증, 동맥경화증, 고혈압증, 갱년기장애, 노인성 백내장, 요통 등에 사용된다.

아기들에게 단 것을 먹이고 주스를 먹이고 분유를 먹인 결과 요즘 아기들은 침을 흘리지 않게 되고 스트레스를 받은 아기의 머리털은 곤두서 있다. 아기들에게 먹이고 있는 유아식의 대부분에 효소가 없기 때문이다.

아기에게는 건강한 어머니의 건강한 모유가 가장 좋다. 그러나 모유가 나오지 않아 분유를 꼭 먹일 수밖에 없는 형편이라면 효소와 미네랄, 비타민, 식이섬유가 풍부하게 함유된 현미곡류 효소를 분유에 섞어 함께 먹이면 좋다.

아이들은 침과 콧물을 흘려야 정상이다. 예전에 우리가 아기였을 때 하나 같이 턱받이를 목에 걸고 있었다. 이렇게 콧물을 흘리고 침을 흘린다는 자체가 건강하다는 증거이다. 입과 코를 통해서 몸 안으로 침입하는 병균과 바이러스를 1차적으로 차단하는 우리 몸의 장치가 콧물이며 침이다.

분유를 먹여서 침과 콧물을 흘리지 않는 아기는 질병에 취약하게 된다. 아기 입안의 침 속에 분비되어 있는 효소는 입안으로 침입해 들어오는 병균과 바이러스를 분해해서 체외로 배출하는 인체의 중요한 방어 수단이기 때문이다.

그런가 하면 식품첨가물이나 화학조미료, 산화한 기름, 그리고 정제된 설탕, 정제된 소금의 과다섭취는 간뇌間腦손상의 원인이 된다.

치매 노인이 늘고, 조용하고 표정이 없으며 기저귀가 젖어도 울지 않고 웃는다거나 눈을 마주치지 않는 아기(Silent baby)가 늘어나는 것은 간뇌가 손상되어 그런 것이다. 신경이 나오는 곳이 간뇌인데 신경이 끊어지면 손가락이 잘 움직이지 않는다.

또 자율신경실조증이 있다. 이것은 신경이 정상적으로 작동하지 않
는 것을 말한다. 이렇게 되면 장기가 정상적으로 작동하지 않게 되어 당
뇨병과 심근경색, 고혈압 등 여러 가지 질병에 쉽게 걸리게 된다.

건강한 간뇌를 유지하기 위해서는 간뇌에 좋은 음식물을 섭취해야
한다. 현미와 보리, 대두는 간뇌를 튼튼히 해주는 음식물이다. 그리고
티로신(Tyrosine)이라는 아미노산이 풍부한 음식물을 섭취하면 간뇌가
건강해진다.

발효와 부패는 어떻게 다른가

발효는 효모나 세균 등 미생물이 에너지를 얻기 위해 유기화합물을 분해해서 알코올류나 유기산류, 이산화탄소 등을 생성해가는 과정이다. 이에 비해 부패는 유기물, 특히 단백질이 유해균에 의해 분해되면서 유해한 물질과 악취가 나는 기체를 생성하는 변화이다.

발효와 부패는 균에 따라 결정되며 발효는 사람에게 유익한 물질을 만들어내고 부패는 유해한 물질을 생성한다.

유익균은 좋은 영양소와 비타민을 합성해 유해균의 증식을 방지하고 병원균 증식을 차단해서 건강을 유지시키는 활동을 한다. 이에 비해 부패균은 암모니아와 유화수소, 인돌, 스카톨, 페놀, 아민 같은 유해물질을 생성한다.

발효식품의 장점

- 거의 썩지 않기 때문에 장기간 보존이 가능하다.
- 미네랄이 몇 배로 증가하고, 아미노산이 10배로 늘어나는 등 영양가가 높아진다.
- 거의 효소를 함유한 식품으로 포도주의 경우, 발효하기 전의 포도에 비해서 2,000배 이상의 유익 미생물이 증식된다. 또 가라즈께 미소(일본 발효 된장 식품)의 경우는 1그램에 8억에서 10억 마리의 유산균이 생성되며 이 균이 균체내 효소를 방출해서 효소활동을 한다.
- 감칠맛 성분의 활성화, 술이나 치즈처럼 좋은 맛과 향을 생성한다.
- 몸에 해로운 독성분을 분해하며 아무리 강력한 맹독도 발효를 시키면 독성이 사라진다.
- 영양소가 분해되어 저분자화한 상태이기 때문에 흡수가 용이하다. 단백질의 경우 아미노산에 가까운 상태까지 분해된다.

예를 들어 완숙 바나나를 발효하면 약 20%에 해당하는 탄수화물이 절반에서 3분의 1가량 글루코스로 변환되며 이것은 소화에 매우 좋다. 우유만 하더라도 그 자체는 소화가 잘 되지 않지만 우유를 발효시킨 요구르트의 소화가 잘되는 까닭은 발효과정에 소화가 어려운 유당이 분해되었기 때문이다.

각종 난치병을 치료하는 효소

　미국에서는 오래 전부터 각종 난치병의 치료에 효소를 이용한 치료법이 각광을 받아왔다.　난치병인 에이즈의 경우, 에이즈에 수반되는 증상인 영양소 흡수부전을 치료하는데 효소가 유효하게 이용되고 있다. 특정 단백질 분해효소의 배합이 HIV감염자의 특정임파구 산출을 촉진해서 면역시스템이 소멸되는 증상을 완화시키는 것이다.　에이즈 환자가 효소보조제를 일상적으로 섭취하면 병의 진행을 지연시키고 증상을 경감시키는 것으로 판명되고 있다.

　바이러스 질환인 인플루엔자와 헤르페스, C형 및 B형 간염에도 효소가 이용되고 있다. 즉 바이러스를 둘러싸고 있는 점성의 단백질 성분이 단백질 분해효소에 의해 분해돼 바이러스가 파괴되는 것이다.
　인플루엔자의 바이러스도 트립신 효소에 의해서 소멸시킬 수 있다.

특히 대상포진의 경우, 단백질 분해효소에 의한 치료가 현재로서는 가장 효과적인 치료방법이며 부작용이 전혀 없다. 독일에서는 대상포진에 효소를 대량 투여할 경우 회복률이 대폭 향상된다는 임상보고가 있다. 이렇게 하면 일반적으로 대상포진 후 발생하는 신경통 증상도 없는 것으로 보고되고 있다.

관절염, 요통, 류머티즘, 어깨통, 기타 통증에도 효소가 유효하게 이용되고 있다. 불완전한 소화는 때로 전신에 통증을 일으키며 특히 관절염이나 요통을 유발한다. 아미노산으로 분해되지 않은 폴리펩타이드(질소 잔류물)는 장내 부패를 유발해서 TCA에너지 회로의 원활한 회전을 방해하기 때문이다.

에너지회로에 들어간 질소잔류물은 유산, 기타 산을 생성해서 전신에 통증을 일으키는 근 수축을 일으킨다. 이것은 효소의 부족으로 인한 소화불량이 근본적인 원인이다. 따라서 소화, 배설이 원활해지면 거짓말같이 통증이 해소되기도 한다.

류머티즘도 효소 보조식품을 많이 섭취하고 과일과 생채소 중심의 혈액을 정화하는 음식으로 밥상을 개선하면 치료 효과가 크다.

암은 생식, 특히 과일, 생채소 섭취부족에 기인한다. 즉 효소부족과 식이섬유 부족이 최대 원인이라고 해도 과언이 아니다. 인체 내 잠재효소(대사효소)의 과잉소비가 온몸의 기관을 발암체질로 바꾼다.

효소가 암을 이긴다

버튼 골드버그(Burton Goldberg)는 그의 저서인 '암의 대체의료 안내서(Alternative Medicine Defective Guide to Cancer)'에서 위의 펩신, 췌장의 프로테아제 등 효소가 인체 내에서 발생한 초기 암을 공격한다고 기술하고 있다.

암세포는 암모니아 대사물인 아민, 페놀, 스카톨, 인돌 그리고 유화수소는 메틸메르카부탄을 발생시켜 그것들이 발암물질인 니트로소아민(Nitrosoamine)을 만들기 때문에 생긴다.

> **니트로소아민(Nitrosoamine)**
> 강한 발암성이 있는 화학물질, 즉 물고기 등에 포함되어 있는 아민류와 발색제, 방부제 등이 위액과 반응해서 만들어진다.

효소는 또 TNF(종양괴사인자-미크로퍼지에서 생성된 사이토카인의 하나로서 이상 증식하는 암세포를 파괴한다)를 생성한다. 오스트리아의 암 리서치협회의 의사인 루시아 디사이아는 효소 보조식품을 다량 사용해서 TNF를 생성하는데 성공했다.

췌장효소는 암세포 표면의 항원에 작용해서 암세포를 파괴하는 사실이 알려져 있다. 또 프로테아제는 암세포를 싸고 있는 단백질을 분해해서 암세포를 사멸시킨다. 암세포의 단백질 외피가 파괴되면 항원이 빠져 나와 면역시스템이 활발해진다.

프로테아제는 암세포가 만드는 면역복합체를 제거하는 기능도 있다. 췌장효소는 킬러T-cell의 증가를 유발해서 TNF를 증가시키는 보조 기능이 있다. 그래서 유럽의 의사들은 종양을 파괴하기 위해 췌장효소를 직접 종양에 주사하기도 한다. 이 주사에 포함된 효소는 화학요법과 병용하면 크게 효과를 볼 수 있다. 화학요법 양을 줄일 수 있어 부작용이 감소한다.

그리고 프로테아제는 암세포가 다른 암세포와 결합해서 악영향을 낳고, 전이하는 것을 막는 기능도 있다. 암 환자의 체내에서 발견되는 위험한 면역복합체는 효소보조제 섭취만으로도 대폭 줄일 수 있다. 이 복합체는 암으로 변한 종양을 증대시키는 인자로서 이 복합체의 증식이

암의 증식으로 이어져 생존을 어렵게 하는 것이다.

효소요법을 받은 암 환자는 이 복합면역체의 증식이 억제되어 그 결과 암 전이가 대폭 억제됨으로써 식욕이 나고 힘이 나서 정신적으로도 좋아진다.

유럽 의사들이 많이 사용하는 효소제재로서는 파파인과 브로멜라인, 트립신, 키모트립신, 리파아제, 아밀라아제, 루틴(바이오플라보노이드)등이 있다.

- 파파인: 파파야 과실의 유액에서 결정으로 얻어지는 단백질 가수분해효소. 식품분야에서 파파인의 이용은 식육의 연화, 맥주의 냉장 시에 생기는 침전입자의 제거 등에 유효하다. 그 외 비단의 정련, 피혁의 무두질, 의약품 등에도 이용된다. 고기를 잎으로 둘러싸거나 과실과 같이 삶으면 고기가 부드럽게 되기 때문에 요리에 쓰인다. 식육에 대한 파파인의 연화작용은 결합조직성의 콜라겐, 엘라스틴(elastin), 악토미오신 등에 대하여 강한 가수분해력을 갖는다.

- 브로멜라인: 우유를 응고시키며, 항염증제로 사용되고 고기를 연하게 하거나 단백질 가수분해물을 얻기 위해서도 사용한다. 또한 면역학적으로 불완전항체에 의해 적혈구를 응집시키는 데도 사용한다.

- 트립신, 키모트립신: 단백질 분해에 중요한 역할을 하는 효소이기 때문에 췌장염 등과 같은 원인에 의해 트립신 분비에 장애가 있으면, 소화과정에 문제가 생긴다. 그밖에 다양한 원인들에 의해서 트립신의 분비 또는 효소활성에 장애가 생기면 소화에 문제가 생긴다. 반대로, 비정상적으로 트립신이 이자에서 활성화되면, 트립신에 의해 다른 이자의 단백질 소화효소들도 차례로 활성화되기 때문에 췌장의 조직이 손상되어 췌장염과 같은 질병을 유발하기도 한다. 췌장 효소 중 트립신(trypsin)과 키모트립신(chymotrypsin)은 암세포의 벽에 있는 단백질을 분해시켜 암세포를 없애는데 사용한다.

- 리파아제: 동물의 소화효소로서 위액·이자액·장액 속에 분비되고 폐·신장·부신·지방조직·태반 등의 각종 조직에도 있으며, 식물에서는 밀·아주까리·콩 등의 종자와 곰팡이·효모·세균 등에도 널리 들어 있고, 우두바이러스에도 들어 있다. 미생물에서 유래한 효소는 매우 특이적인 화학변환(chemical transformation)을 수행하기 때문에 식품, 화장품, 세제, 유기산 합성, 제약 산업 등에 널리 이용되고 있다.

- 루틴(바이오플라보노이드): 모세혈관강화제, 종래 비타민 P라고 명명되어온 헤스페리딘이나 그 후에 발견된 틴등은 어느 것이든 플라본 유도체로 이들을 총칭해서 바이오플라보노이드라고 한다. 모세혈관벽이 저항성 감소, 투과성증대에 의해서 발생하는 어느 종의 자반증, 뇌혈관의 출혈, 망막출혈등에 대해서 치료, 예방에 이용된다.

병을 만드는 식품,
병을 이기는 식품

　최근의 연구에 의하면 인체 내의 면역을 담당하는 기관이 소장의 점막인 것으로 알려지고 있다.

　효소보조제는 비타민이나 미네랄보다 중요한 보조제이며, 여러 가지 보조식품 중에서 가장 필요한 보조제이다. 인체 내 잠재효소의 절대량은 한정되어 있으며 현대인 모두는 잠재효소가 크게 부족하기 때문이다.

'모든 병은 대사효소의 부족이 원인이다'
'소화효소 부족으로 소화불량이 발생하고 그 결과 대사효소가 일단 대사활동을 중지하고 소화활동을 하게 된다. 이때 대사가 소홀해지고 병에 걸리게 된다'

이것은 효소영양학의 기본으로 소화불량에 의한 소화효소의 과잉소비가 질병의 원인이 되는 것을 뜻한다. 인간의 모든 생명현상 중에서 가장 에너지 소모가 많은 것이 소화활동이다. 소화불량은 장내 부패와 이상발효를 초래하고 장내 부패균이 많아지면 혈액이 끈적끈적해지는데 이 혈액의 정화를 대사효소가 하고 있는 것이다.

효소를 과잉 소모시키는 것들

    사람들은 대부분 우유를 최고의 영양식품으로 믿고 있다. 과연 그럴까. 미국 하버드 대학의 2000년 보고서에 의하면 여성 78,000명에게 우유를 12년 동안 마시게 한 결과, 골감소증이 더 진행된 것으로 나타났다. 우유는 칼슘이 풍부하지만 마그네슘이 크게 부족하기 때문이다. 뼈의 생성에는 칼슘 외에 마그네슘, 인이 균형 있게 존재해야 하며 칼슘의 과다섭취는 오히려 마그네슘의 과다배출을 유발해서 골감소증과 골다공증이 되는 것이다.

    칼슘만 많고 다른 미네랄 성분은 부족한 우유는 그 칼슘성분이 뼈로 가지 않을 뿐 아니라 혈액 중에 넘쳐나 몸 여러 곳에 이상 증상을 유발한다. 즉 신장과 쓸개 등에 돌結石을 만들고 동맥경화, 요통, 배근통, 두통, 슬통(膝痛-무릎통), 좌골신경통, 등 통증, 고혈압, 장딴지 경련, 협심증, 부정맥, 암 등의 원인이 된다.

문제는 우유에 함유된 칼슘과 마그네슘 등 다른 미네랄과의 밸런스
가 맞지 않기 때문에 이런 질병을 유발하는 것이다. 그래서 스웨덴 룬드
대학 부속 말뫼 대학병원의 코렉코 박사는 유아에게 적어도 생후 1년은
모유 또는 특별히 조제된 유아용 우유를 먹이되 시판되는 우유는 먹이
지 않도록 해야 한다고 강조했다. 우유나 유제품은 유아에게 중요한 과
일인 곡류를 먹일 기회와 가치를 앗아가고 있다.

우유는 철분의 함량이 적다. 해조와 콩류의 비非햄 철분의 흡수를 방
해해서 혈변을 야기할 우려가 있다. 특히 우유에는 동물성 지방이 많아
유아의 신장과 대사에 부담을 주고 인슐린의 분비도 촉진한다. 또 우유
를 마시는 유아는 비만아가 될 위험이 높다.

우리 인체는 우유와 같은 고단백질, 고지방을 소화할 프로테아제, 리
파아제 효소가 본래 충분하지 않다. 아미노산이 100개 이상 붙은 것을
폴리펩타이드라고 하는데 이것이 분해되지 않고 장에서 흡수되면 알레
르기 증상이 나타난다.

과당과 포도당이 합쳐진 것이 자당(蔗糖-수크로오스)이며 이 결합은
매우 강해서 효소나 염소(위산)로도 잘 분해되지 않는다. 위속에서 6시

간이나 결합되어 있다는 보고도 있다. 이를 분해하기 위해서 많은 양의 펩신과 아밀라아제가 소모된다. 그리고 자당을 사용한 과자류에는 유해균이 번식하고 있어 장내 부패를 일으킨다.

생식이 좋다고 하자 아무 식품이나 생식을 하는 사람들이 있는데 현미와 대두, 소두 등 콩류는 생식을 삼가야 한다.

씨種에는 일정한 조건이 갖추어지지 않으면 발아하지 않도록 하는 효소억제 물질이 있다. 그래서 씨를 생으로 먹는 것은 효소억제 물질을 먹는 것이 된다.

이것은 분해가 잘되지 않으며 엄청난 양의 소화효소를 필요로 하게 된다. 따라서 사과나 수박, 매실, 포도, 감, 호박 등의 씨는 생으로 먹어서는 안 되며 단, 현미와 대두, 소두 등 콩류는 발효시켜 먹으면 최고의 식품이 된다.

산화한 유지油脂식품이나 트랜스형 유지식품은 섭취하지 않아야 한다. 기름은 산화가 됐던 안됐던 소화불량의 원인이 되며 무엇보다 리파아제의 낭비가 매우 크고 또 세포의 독이 된다.

그런가하면 알코올류는 영양학적으로 좋지 않은 음료이다. 알코올은 비타민 B군의 인체 내 흡수를 방해하고 마그네슘, 칼륨, 아연의 레벨을 떨어뜨린다. 또한 알코올은 조금씩 간장의 조직을 파괴해 가며 뇌신경에 악영향을 미쳐서 통찰력과 집중력, 운동기능을 혼란시킨다.

이 알코올을 장기간 섭취하게 되면 최종적으로는 간장을 파괴하고 몸을 산성 체질로 만들게 된다. 이렇게 되면 질병에 취약하게 되고 근육통을 야기하며 유방암, 간장암, 고지혈증, 동맥경화, 심장장애, 신장장애 등의 질병에 걸리기가 쉽다.

따라서 산성음료인 술은 소량만 마시는 것이 좋은데 술중에서도 붉은 와인이 유일하게 알칼리성이다. 이 붉은 와인에는 항산화물질이 함유되어 있으니 절제해서 적은 양을 마시는 것은 좋다.

결국 건강하게 살기 위해서는 체내에 잠재된 효소를 가능한 한 아끼고 또 날마다 부족한 양을 채워줘야 한다. 효소의 부족이 병을 부르고 충분한 효소가 병을 고친다. 효소가 이토록 중요한 것임에도 불구하고 우리는 너무나 모른 채 살고 있다.

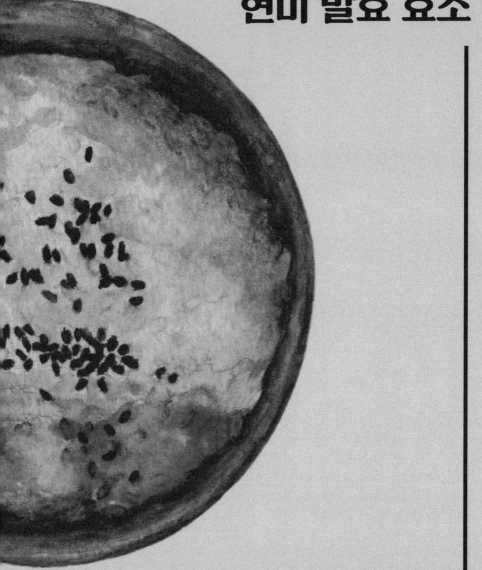

PART 08

현미 발효 효소

소화효소 부족이 질병의 원인

'Good Nutrition is NOT what you eat, but what you eat, DIGESTS and ABSORB'

'좋은 영양이란 무엇을 먹느냐가 아니고, 먹은 것을 어떻게 잘 소화하고, 그리고 인체 내에 잘 흡수할 수 있는지에 의해서 결정된다'

아무리 좋은 음식도 잘 소화해서 영양소로 변환시켜 흡수하지 못한다면 우리 몸의 피와 살이 될 수 없다. 결국 인체 내 효소가 부족하면 소화가 잘 안되고, 몸에 흡수가 잘 되지 않기 때문에 아무리 좋은 음식을 먹어도 도움이 안 된다는 것이다.

인체가 요구하는 영양은 3대 영양소를 중심으로 8종의 필수 아미노산, 13종의 비타민, 18종의 미네랄이 필요하며 매일 이를 식사로 섭취하는 것이 이상적이다.

우선 식사 내용을 바꿔보자. 소화가 잘 되지 않는 산성식품인 육류의 섭취는 가능한 한 줄이고 채소와 해조류, 과일은 가급적 늘리는 것이 좋다. 그리고 곡류를 골고루 많이 섭취하자. 즉 곡류는 80%, 동물성 단백질은 10% 내외, 그리고 채소와 해조류, 과일로 여러분의 밥상을 차린다면 10개월 후 여러분은 분명 지금보다 건강한 몸으로 변해 있을 것이다.

그리고 소식小食이 중요하다. 우리가 날마다 배불리 먹는 양의 80%만 먹으면 병에 걸리지 않고, 70%만 먹으면 의사가 필요 없다는 말이 있다.

실제로 우리가 먹은 음식물을 소화하기 위해서 인체는 엄청난 노동을 하게 된다. 인체가 보유한 에너지의 약 50%는 섭취한 음식물의 소화와 분해에 사용되고 있다고 한다. 이처럼 소화 활동은 힘이 많이 드는 작업이며 밥을 먹은 후에 몸이 나른함을 느끼는 것은 인체가 그만큼 심한 노동을 했다는 증거이다.

미국에서는 이미 육류 중심의 식생활을 바꾸기 시작했다. 동물성 단백질의 과잉섭취가 심각한 사회문제가 되고 있기 때문이다. 소화효소의 과도한 소모와 소화부족에 기인한 음식물의 부패는 장내환경을 오염시켜 질병을 유발하는 최대의 원인이 되고 있다.

소화효소 부족은 영양소의 분해와 흡수를 저해함으로써 거의 모든 질병의 원인이 되는 장내부패의 만성화를 부른다. 비단 동물성 단백질만의 문제가 아니다. 현대인이 즐겨 복용하는 탄산음료수들은 인체에 매우 유해하며, 약이나 카페인, 알코올 등은 또 다른 자연소화과정을 저해하는 물질이다.

흰쌀밥보다
현미식이 좋은 이유

　현미와 현미찹쌀, 율무, 조, 콩 등 잡곡을 혼합한 것을 하루정도 물에 담가둔 후 다음날 압력밥솥으로 밥을 하면 거칠거나 입안에서 구르지 않고 입에 착 달라붙고 맛도 훌륭하다.

　인체에 필요한 영양소는 대략 45종인데 현미에는 비타민C를 제외한 이 모든 필수 영양소가 들어있는 거의 완전식품이다. 그럼에도 불구하고 벼를 하얗게 깎고 또 깎아서 흰쌀만 먹는 것은 참으로 안타까운 일이 아닐 수 없다. 벼의 도정과정에서 깎여져 나가는 현미의 배아에는 생명이 살아있고, 깎여져 나가는 현미의 미강(米糠-표피)에는 각종 비타민과 미네랄이 듬뿍 들어있다.

　바로 그 생명을 잉태하고 미네랄, 비타민의 보고인 현미의 배아와 미강을 사람들은 돈을 들여 일부러 깎아내고 생명이 없는 죽은 쌀, 미네랄과 비타민이 제거된 쌀의 전분만을 섭취하고 있는 것이다. 이 무슨 어리석은 일인가. 여러분께는 오늘 이후부터 꼭 현미밥을 드시라고 적극 권장해 드리고자 한다.

이것만으로도 여러분의 건강은 지금부터 3개월 후 정도면 많이 달라져 있는 모습을 스스로 발견할 수 있을 것이다. 그리고 10개월이 경과하면 여러분 몸의 모든 세포는 지금보다 건강한 새로운 세포로 바뀌어 있을 것이다. 따라서 지금부터라도 우선 흰밥 대신 현미잡곡밥으로 바꿔보자.

현미의 주요 구성성분

마당에 현미와 도정된 흰쌀을 뿌려두면 참새는 현미부터 먼저 먹는다고 한다. 새들조차도 본능적 감각으로 생명이 살아 있는 완전식을 찾는 것이다.

현미의 중요성에 대해 많은 사람이 얘기하고 있지만 그동안 우리나라에는 현미의 성분에 대한 본격적인 연구가 부족했다. 과연 왜 현미를 최고의 영양식품이자 완전식품이라고 할까. 현미의 주요 구성성분에 대해 본격적으로 한 번 알아보자.

1) 비타민 B군

비타민 B1

- 비타민B1은 마늘과 파, 양파, 부추 등에 많이 함유

- 현미와 통밀에는 비타민 B군이 고루 들어있다
- 몸이 쉬 피로한 것은 몸에 에너지가 부족하거나 몸 속에 쌓인 노폐물이 잘 대사되지 않은 것이 이유이기도 하다
- 비타민B1은 신경계의 기능과 밀접한 관계에 있으며 이것이 부족하면 초조감, 식욕부진, 만성피로 증상이 발생한다

비타민 B2

- 지질대사를 촉진하고 당질대사에도 관여
- 과산화지질을 분해
- 성장을 촉진
- 세포재상, 에너지대사를 도와 성장을 촉진
- 점막을 보호
- 장내 세균에 의해 체내에서 합성
- 지방대사와 칼슘의 흡수
- 식품첨가물의 해독작용
- 알레르기 체질개선
- 부족할 경우, 변비와 피부염 구내염 등이 발생하고 눈에 가려움증 발생

비타민 B6

- 단백질대사에 없어서는 안 되는 비타민으로 지질대사에도 관여
- 신경전달물질 합성에 관여

- 항체와 적혈구 생성에 불가결

- 인슐린 합성에 관여

- 체내 세균에 의해 합성

- 피부염의 예방

- 부족하게 되면 구내염, 빈혈, 지방간, 피부염, 알레르기 증상 등을 유발, 현미 효소와 콩류에는 비타민 B6가 많이 함유되어 있다

비타민 B12

- 엽산과 함께 적혈구의 헤모글로빈을 합성

- 신경계세포내의 단백질과 지질, 핵산의 합성을 돕고 신경계를 정상적으로 기능하게 하는 역할 수행

- 엽산을 재이용하는 기능

- 비타민B12는 간에 저장되며 부족하면 악성빈혈 증세가 유발된다. 뇌의 지령을 전달하는 신경이 정상적으로 기능하지 않으면 근육을 움직일 수 없다. 비타민B1은 근육과 신경을 움직이는 에너지를 만들고, B6는 신경전달물질을 생성하며, B12는 신경세포내의 핵산이나 단백질을 합성하는 기능을 한다

2) 나이아신

- 당질과 지질의 대사에 불가결한 수용성 비타민

- 뇌신경의 기능을 원활히 하는 작용

- 혈류의 개선

- 성호르몬 및 인슐린 합성에 관여
- 나이아신 결핍증은 피부병인 펠라그라를 유발한다. 또 나이아신은 알코올과 숙취의 원인인 아세트알데히드를 분해하며 혈류를 원활히 하고 냉증과 두통 증상을 완화시킨다.

3) 비타민 E

- 과산화지질을 분해하여 세포막과 생체막을 활성산소로부터 보호하고 심질환과 뇌경색을 예방
- 발암의 억제
- 적혈구막지질의 산화를 방지하여 용혈성빈혈을 예방
- 모세혈관의 혈류를 원활하게 함
- 산소의 이용효율을 높여 내구력을 증대
- 항체호르몬과 남성호르몬 등 생성분비에 관여해 생식기능을 유지
- 비타민A, C와 셀레늄의 산화를 방지
- 충분한 비타민C가 있을 경우 항산화작용이 강화
- 간장과 지방조직, 심장, 근육, 혈액, 부신 등에 저장
- 수용성 비타민으로 강력한 항산화작용이 있어 활성산소 제거능력이 뛰어나기 때문에 암이나 심근경색, 뇌졸중 등의 생활습관병을 예방하는데 효과적이다.
- 혈관확장제로서도 이용되어 치료 효과를 나타내고 있다.
- 비타민 E는 노화방지와 강장효과가 뛰어난 비타민으로써 현미의 배아에 많

이 함유되어 있다.

4) 활성산소 분해효소

- 체내에서 발생하는 활성산소를 분해하는 효소인 SOD는 과산화수소를 분해하며 카탈라아제와 글루타티온 옥시다아제가 함유되어 있다.
- 살상 래디컬이라고 불리는 하이드록실래디컬(Hydroxyl radical)을 97~98%까지 분해하는 힘이 있다.

5) 글루칸

- 베타글루칸 1,3와 베타글루칸 1,6 가 만난, 아라비녹실레인의 면역조절물질이 함유되어 있고, 이들 유용성분들은 백혈구의 유해균과 이물질의 퇴치 능력을 강화함으로써 면역력을 증강시킨다.

6) 효모

- 단백질과 비타민류, 각종 효소가 풍부하다.
- 특히 비타민 B군의 하나인 비오틴(Biotin)을 다량 함유하고 있는데 비오틴은 대사, 면역이상을 정상화하는 기능이 있다.

7) 유산균

- 장내 유익균으로서 정장작용을 한다.
- 장내 세균에 의하여 합성되는 비타민 B군이 대사나 면역에 중요한 역할을

하기 때문에 유익균이 증가하는 것은 중요하다. 유익균이 우점하면 유해균이 억제되어 장내 환경이 좋아져 질병을 예방한다.

8) 피틴산(IP6)

- 곡류와 콩류에 다량 함유되어 있고 인산과 결합한다.
- 신장에서의 산분비억제, 신결석, 허혈성 심장병 발병 억제, 혈중 콜레스트롤 수치 저하, 충치억제 등의 효과가 있다.
- 피틴산은 이노시톨(I)과 당(탄수화물)에 인(P) 6개가 결합한 물질로서 세포의 생성에 중요한 역할을 하는 물질이다.
- 특히 피틴산은 강력한 항산화작용이 있어서 많이 섭취하면 우리 몸의 산화를 예방하며 중금속 등의 유해물질을 흡착, 배출함으로써 인체를 건강한 상태로 유지하는 작용을 한다. 몸속으로 들어간 피틴산이 장으로 이동하면 인(P)이 하나씩 잘라져 나간다. 그리고 인(P)이 전부 잘라져 나가면 이노시톨(I)만 남게 되는데 인이 빠져 나간자리에서 인체 내에 있는 유해 중금속을 흡착해 체외로 배출하는 것이다. 이 피틴산은 암세포 안에 들어가 암세포를 정상세포로 변환시키기도 한다. 암세포 안에 있는 유해물질을 부착해서 배출하기 때문이다.
- 최근의 연구에 의하면 생체 내에서 피틴산은 여러 가지 생리활성 작용을 하는 것으로 밝혀지고 있다. 암의 예방과 지방간이나 동맥경화의 억제, 심장혈관병의 예방, 요로결석이나 신결석의 예방, 항산화 작용 등의 활성작용을 하는 것이다. 이노시톨과 피틴산이 조합된 물질이 면역 활성제보다 2배 이상

NK세포를 활성화시킨다는 연구가 미국 대학에서 발표되고 있다.

- 피틴산은 치구^{齒垢} 형성 예방과 구강암, 간장암, 피부암, 대장암, 유방암, 혈액 응고 등을 예방해 심근경색과 뇌졸중에 걸리지 않게 하며 설탕으로 인한 혈액지질이 생성되는 것을 억제해서 혈액을 맑게 한다.

- 피틴산은 특히 피부암을 강력하게 억제한다. 체취나 구취, 오줌 냄새 등도 제거하며 알코올의 신속한 분해촉진 작용으로 급성 알코올중독을 예방한다.

- 기본적으로 씨앗과 곡류에 존재하고 쌀의 미강에는 많게는 9.5%에서 14.5%가 함유되어 있으며 이노시톨은 약 2%가 함유되어있다. 피틴산은 피틴에서 칼슘과 마그네슘이 빠진 것이다.

- 피틴산(IP6)은 강력한 항암작용 효과로 인해 건강식품으로서 크게 각광받고 있으며 미국에서는 기능성식품으로 만들어져 많이 팔리고 있다.

9) 이노시톨(Inositol)

- 수용성 비타민으로서 비타민 B군에 속하며 세포막을 구성하는 인지질의 중요한 성분으로서 특히 신경세포막에 다량 함유되어 있다. 이노시톨은 항지방간 비타민이라고도 하는데 지방의 흐름을 원활하게 함으로써 간에 지방이 쌓이지 않게 하고, 콜레스트롤의 흐름도 원활하게 해서 동맥경화를 예방하는데 기여한다.

- 성장촉진, 간 기능 강화(지방간, 간경변 예방 및 치료효과), 노화 방지 효과가 있다.

10) 훼룰라산(Ferula Acid)

- 훼룰라산은 식물의 세포벽을 형성하는 리그닌(Lignin)의 전구체前驅體이다.

리그닌(Lignin) ————————————————————————————

목재나 대나무, 짚 등 목화(木化)한 식물체 속에 20~30% 존재하는 방향족 고분자 화합물로서 세포를 서로 달라붙게 하는 역할을 한다. 이것이 축적되면 세포의 분열이 멈추고 단단한 조직으로 변하는데 바닐린(Vanillin)의 제조 원료이다.

- 훼룰라산에는 항산화작용 물질이 있어 SOD처럼 활성산소의 독성으로부터 생체를 방어하는 효소가 있는 것으로 보고되고 있다.
- 자외선 흡수력이 강력해서 멜라닌 색소의 침착을 억제하기 때문에 미백효과가 뛰어나며 한편으로는 항균작용(황색포도구균에 대한 항균제)도 한다.

11) 풍부한 식이섬유

- 우리가 매일 섭취하는 음식물에 사용되고 있는 식품첨가물은 그 종류가 수십 가지에 이르며, 이 식품첨가물이야말로 체외로 신속히 배출되어야 하는 인체에 유해한 이물질이다.
- 현미에 다량 함유된 식이섬유인 셀룰로오스(Cellulose)와 헤미셀루로오스(Hemicellulose), 펙틴(Pectin) 등은 그 섬유질의 생리적 효용으로 소화기능을 증진하며 식품첨가물 등 이물질, 그리고 지방질이나 콜레스트롤 등의 유해물질의 배설을 촉진한다.
- 쌀의 세포벽에 존재하는 헤미셀루로오스는 주로 아라비록실란

(Arabinoxylane)과 자일로글루칸으로서 강력한 면역 강화작용이 있다. 수용성 물질로서 미강 100g에 약 3~5g 정도 존재한다.

헤미셀룰로오스(Hemicellulose) ────────────────────

식물 세포벽을 이루는 셀룰로스 섬유의 다당류 중 펙틴질을 뺀 것으로 주로 뿌리와 뿌리줄기, 씨, 열매의 세포를 이룬다. 펙틴질을 없앤 세포벽에서 알칼리용액으로 추출하며 주성분은 자일란과 글루칸, 자일로글루칸, 글루코만난 등이다.

- 미강은 다이옥신의 배출에도 매우 뛰어난 힘을 발휘한다. 식이섬유와 엽록소를 다량 함유한 녹황색 채소도 다이옥신 배출에 큰 효과가 있다.
- 다이옥신은 암이나 간의 장애를 일으키는 원인물질로서 인체에 들어가면 지방조직에 축적되어 체외 배출이 어렵다.

12) 셀레늄(Se)

- 독성이 강한 원소로서 하루 섭취량은 250㎍이하가 권장량이며 항산화작용과 항암작용이 뛰어난 물질이다. 인체 내에는 독성이 강한 활성산소를 제거하는 효소인 글루타티온 옥시다아제(Glutathione oxidase)등이 있는데, 이 효소의 생성에 필수적인 물질이 셀레늄이고 현미는 이 셀레늄을 다량 함유하고 있다.

13) 배아

- 배아는 쌀의 유전자 정보가 담긴 곳으로서 생명을 잉태하는 곳이다. 발아를

위한 비타민이 존재하며 활성산소를 제거하는 물질도 함유하고 있다.

14) GAVA(아미노낙산-Aminobutyric acid)

- 현미 배아에 다량 함유되어 있으며 혈압과 혈당치, 혈중 콜레스트롤수치, 중성지방수치를 조절하는 작용을 한다. 신경전달 물질로서 뇌 내에 존재하며 신경의 흥분을 억제하고 뇌세포를 활성화하는 작용이 있다.
- 현미가 발아하게 되면 GAVA양이 10배로 늘어난다. 이 GAVA는 아미노산의 일종으로서 뇌의 혈류를 개선하고 산소공급량을 증가시키며 뇌졸중 후유증과 두통, 이명, 의욕저하 등 뇌의 대사를 개선하고 학습능력을 향상시키는 효과가 있다.
- 신장의 혈류를 증가시켜 신장 기능을 활성화하고 불면증과 수면장애, 억울(抑鬱-가슴이 답답한 증상)에 효과가 있다.
- 간장혈류를 증가시켜 신장 기능을 활성화시키고 중성지방을 줄이며 장내의 암모니아를 분해한다.

15) 감마 오리자놀(γ-Oryzanol)

- 현미 기름에 함유된 성분으로서 자율신경과 생식기능의 약화를 개선하고 말초신경과 피부의 혈류를 원활히 하는 효과가 있다. 체내에 흡수되면 주로 신경계에 들어가서 콜레스트롤 흡수나 과산화지질의 생성을 억제하기 때문에 고지혈증과 수술 후의 신경증 개선에 이용하고 있다.

16) 핵산

- 핵산은 생물이 스스로 합성하는 것으로서 RNA(리보핵산), DNA(데옥시리보핵산)가 있다. 세포질이나 핵에 존재하며 단백질을 합성하기도 한다.
- 핵산에는 대사활성 조절과 단백질합성 설계도를 가지고 있는 것도 있으며 장내 유익균의 기능처럼 면역력을 높이고 자연치유력을 높여준다. 항생물질과 화학약품, 방사능 등은 핵산의 기능성을 떨어뜨리며 노화 역시 인체 내에서의 합성능력을 저하시킨다.

지금까지 열거한 바와 같이 현미는 5대영양소인 당질과 단백질, 지질, 비타민, 미네랄은 물론 식이섬유, 엽록소, 피틴산 및 파이토케미칼 등 많은 유효성분이 함유되어 있는 획기적 식품이다. 이런 현미에 강력한 종균을 접종시켜 발효시킨 현미곡류 효소는 그 영양과 기능이 몇 배나 증대된 최고의 기능성식품이다. 이것은 우리 한국효소주식회사 임직원들의 자부심이기도 하다.

파이토케미컬(Phytochemical)
식물 속에 들어 있는 화학물질로 식물 자체에서는 경쟁식물의 생장을 방해하거나, 각종 미생물과 해충 등으로부터 자신의 몸을 보호하는 역할을 한다.

현미곡류 효소의 장점

현미곡류 효소에는 비타민과 미네랄이 풍부하며 몸에 해로운 활성산소를 없애주는 기능성이 탁월하다.

인간의 신체에 필요한 필수 미네랄은 18종류이다. 칼슘은 뼈를 만들고, 정신을 안정시키며 인燐도 뼈나 이빨을 만들 때 사용된다. 또 나트륨은 체내의 수분을 조절하고, 아연은 면역력을 높여 발육 촉진이나 미각과 후각을 정상적으로 유지시킨다. 망간은 애정 미네랄로 불리고 있다. 비타민 B1은 신경계에 관여해 정신을 안정시키고, 비타민 B2는 성장촉진, 비타민 B6는 아미노산 합성을 돕는다. 비타민D는 칼슘 흡수를 돕는 기능이 있으며 비타민E는 노화방지에 도움이 되고, 비타민C는 암예방에 효과가 있다.

학교나 가정에서 폭력을 휘두르는 아이들은 대개가 스낵과자나 인스턴트식품, 청량음료를 과잉섭취 하는 것이 공통된 특징인 것으로 밝혀지고 있다. 이런 음식물을 계속 먹게 될 경우 칼로리는 과다하게 섭취되는 반면, 비타민과 미네랄, 식이섬유, 효소 등이 크게 부족하게 된다. 또 많은 칼로리를 연소시키기 위해 대량의 비타민 B군을 필요로 한다.

칼로리는 많고 비타민이 적은 음식물은 인체 내 내장조직으로부터 비타민을 꺼내 사용해 버리게 되고, 그 결과 간장과 비장, 심장 등에 스트레스를 주게 된다. 이렇게 되면 스트레스에 잘 대처할 수 없게 돼 침착성이 없고, 초조해지며 숙면을 할 수가 없다.

몸 안에 이물질이 들어오면 그 이물질로부터 신체를 지키기 위해서 전신의 면역세포가 침입한 이물질을 분해, 배설하려고 하는 기능이 있다. 이물질을 먹은 식食세포는, 자신의 세포 내에 있는 이물질을 녹이기 위해서 활성산소를 만들어 낸다.

활성산소는 신체의 방위상 불가결하고, 중요한 역할을 가진 물질이지만 지나치게 많이 생성되면, 그 과잉분이 식세포 밖으로 유출돼 신체의 정상조직마저도 파괴하게 된다. 예를 들어 동맥경화에 의한 뇌졸중이나 심근경색, 암 등 생활 습관병의 원인이 되기도 한다. 방사능 오염식품, 식품첨가물, 농약, 화학약품 등은 대량으로 활성산소를 발생시킨다.

이 같은 유해물질의 위험에 노출되어 있는 현대인은 활성산소를 제거하는 힘이 있는 식품을 취하는 것이 중요하다. 활성산소를 제거하는 힘이 있는 발효식품이나 채소를 많이 섭취하도록 해야 하는 것이다.

　현미곡류 효소는 현미와 배아, 미강, 그리고 대두에 미생물을 접종해서 발효시킨 가장 균형 잡힌 건강 보조식품이다. 영국의 윌리엄 박사(Dr. David Williams)에 의하면 인간에게 필요한 필수영양소는 45종류이고, 현미에는 비타민C를 제외한 그 모든 필수영양소가 함유되어 있다.

　현미식은 완전식품이기 때문에 매일 주식으로 삼는 것이 좋지만 그 효용을 잘 알면서도 소화가 잘되지 않아 지속적으로 먹기가 어려운 단점이 있다. 하지만 현미곡류 효소는 이 문제를 해결한 식품이다. 흰 쌀밥을 먹는 사람도 현미곡류 효소를 식후에 함께 섭취하면 현미밥을 먹는 것 이상의 효과가 있다.

현미곡류 효소의 효과

- 내장 기능이 활발해져 섭취한 음식물이 위와 장에서 머무는 시간이 짧아진다.

- 소화 흡수를 촉진한다.

- 위의 불쾌감이 사라진다.

- 영양흡수가 원활해서 체력이 향상된다.

- 불필요한 약의 복용을 줄일 수 있게 되고 복용량도 적어진다.

- 면역력과 자연치유력을 높인다.

- 염증이 가라앉는다.

- 혈액순환이 개선되고 피가 맑아진다.

- 농약, 식품첨가물, 활성산소를 분해, 해독, 배출한다.

- 혈압을 조절한다.

- 비만한 사람은 감량이 된다.

- 간장과 신장을 비롯한 모든 내장, 조직, 세포의 기능을 강화한다.

• 수명이 연장된다.

에드워드 하웰 박사의 연구에 의하면 연령이 높아질수록 효소는 사람의 체내에서 만들어지기 점점 더 어려워진다고 한다.

또 환경오염이나 스트레스 등으로 현대인의 효소활성은 저하되고 있다. 따라서 살아있는 신선한 식품이나 현미곡류 효소처럼 효소가 많은 발효식품을 많이 섭취해서 인체에서 부족한 효소를 충분히 보충해 줘야 한다.

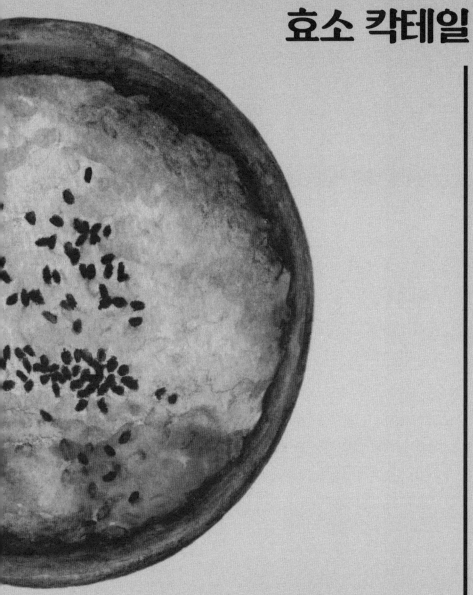

PART 09

효소 칵테일

건강 장수의 비결

옛 에스키모 사람들은 생식을 함으로써 충분한 효소를 섭취했고, 또 고기를 발효시켜 먹는 식습관으로 인해서 동물성 단백질을 잘 소화했다. 그들은 또 필수지방산인 알파 리놀렌산이 풍부하게 함유된 바다표범이나 물개, 물고기 등을 생식했기 때문에 현대 도시인들을 괴롭히는 생활습관병 같은 게 없었다.

모든 기름은 국소 호르몬과 유사한 물질을 방출하기 때문에 몸에 좋지 않지만 옛 에스키모 사람들이 생식으로 섭취한 기름은 양질의 기름이다. 그래서 이누이트족의 혈액은 맑고 혈전증이 없었다. 주식인 바다표범, 등푸른 생선에는 EPA(Eicosapentaenoic acid), DHA(Docosahexaenoic acid)와 같은 불포화지방산이 풍부하게 함유돼 있기 때문에 피가 맑은 것이다.

결국 에스키모 사람들은 효소가 풍부하고 건강에 좋은 기름이 함유된 생식을 함으로써 건강했던 것이다. 참고로 양질의 식물성 기름으로는 알파 리놀렌산을 가장 많이 함유하고 있는 아마인유亞麻仁油가 좋다.

지구촌 장수마을의 공통분모는 발효식품, 신선한 과일과 채소 그리고 좋은 물이다. 발효식품에는 생식보다 더 많은 효소가 있으며 약알칼리성의 좋은 물은 효소의 활성이 뛰어나기 때문이다.

좋은 물의 특징은 다음과 같다. 중성에 가까운 약 알칼리성 pH7.3에서 pH7.4. 분자집단이 작아야 하며 인체에 유해한 물질이 검출되지 않아야 한다. 즉 무색무취 투명에 미네랄 함량이 많고 용존溶存효소가 많은 물이 인체에 좋다.

장수촌으로 알려진 파키스탄의 훈자 마을, 남미의 에콰도르와 불가리아의 장수촌 마을, 일본의 오키나와 그리고 나가노 마을 사람들은 모두 장수하는 사람들이다. 그들은 발효 음식과 생식을 즐겨 먹으며, 효소 수치를 20배까지나 불린 싹이 난 씨앗을 일상적으로 섭취한다.

때때로 금식하는 습관도 장수촌 사람들에게서 흔히 볼 수 있으며 이는 건강을 증진하는 또 다른 비결이다. 하웰 박사에 의하면 금식하는 기간 동안에는 인체 내의 소화효소는 활동할 필요가 없으므로 효소가 온존되며, 이로 인해 면역력이 강화되고 신진대사가 활발하게 이루어지는 것이다.

현미의 문제점을 해결한
현미곡류 효소

효소영양학의 최대 목적은 인체 내의 효소 소모를 최대한 억제해서 인체 내 효소를 보존하고 인체 에너지를 몸의 복구 작업과 질병에 걸리지 않는 자기면역력강화에 활용하는 것이다. 즉 대사효소를 최대한 효율적으로 이용할 수 있는 체내환경을 만드는데 있다.

효소가 충분히 함유된 음식을 섭취하는 식습관을 유지하는 것이 건강에 좋다. 그렇다고 채소, 과일만 먹을 수도 없고 고기를 생으로 먹을 수도 없다.

현미는 필수영양소가 풍부한 완전식품이다. 그러나 안타깝게도 현미밥을 잘 소화하지 못하는 사람이 많다. 특히 젊은 세대는 더 그렇다. 오래 씹어야 소화되는 현미밥을 먹는 불편함을 감내하기 어려워하는 것이다.

현미밥을 먹지 못하는 사람들에게 현미곡류 효소제품은 아주 좋은 대안이다. 현미곡류 효소에는 효소가 풍부할 뿐 아니라 남녀노소, 그리고 병약한 사람들을 포함한 그 누구에게나 소화가 잘 되는 기능성 식품이기 때문에 안심하고 섭취할 수 있는 큰 장점이 있다.

소와 양은 위가 4개인 반추동물이다. 첫 3개의 위에서는 효소가 배출되지 않고 섭취한 음식물 자체에 함유된 효소에 의해서 소화가 진행된다. 이어 마지막 4번째 위에서는 소화효소가 배출되어 소화를 마무리한다. 생식을 하는 소나 양의 췌장 크기는 체중 비율로 볼 때 사람보다 작다. 비둘기와 닭의 경우도 위胃에 해당하는 모이주머니에 곡물이 머무는 동안 곡물자체의 효소에 의해 발효가 일어난다.

사람은 위가 하나 밖에 없다. 그래서 사람은 입에서 씹어 1차로 소화하게 되어 있고 그 다음으로 위 그리고 소장에서 순차적으로 소화하는 것이다. 그런데 잘 씹지 않고 음식물을 삼키게 되면 위와 소장의 소화부담을 가중시키게 되며, 덜 소화된 음식물 잔류물은 인체의 면역력을 저하시키고 질병을 유발하게 되는 것이다.

탄수화물과 지방과 단백질은 우리 몸이 활동하는데 필요로 하는 에너지를 생산하고, 질병을 퇴치하기 위한 면역력 강화를 위한 에너지를 만들며, 우리 몸의 새로운 세포를 만드는 원료가 된다. 이 원료를 이용해서 에너지와 세포를 만드는 일꾼이 효소이고 비타민, 미네랄이다. 이 가운데 그 어느 것 하나라도 부족하게 되면 아무리 좋은 원료를 섭취해도 에너지가 생산되지 않고 새로운 세포가 만들어지지 않는다.

그렇다면 효소와 비타민, 미네랄이라는 일꾼이 부족해서 에너지와 새로운 세포로 활용되지 않고 남은 원료는 어디로 가는가. 대장에 남은 원료는 부패해서 독소를 뿜어내게 되고 독소는 인체를 순환하면서 가는 곳곳에 통증을 유발하게 된다. 그리고 대장 내벽에는 배설되지 못한 잔류물이 눌러 붙어있게 되어 숙변을 형성한다.

원료 중의 지방 성분은 몸 안 여러 기관에 부착되어 과체중을 유발하고 세포에 공급되어야 하는 영양소와 산소의 통로를 차단하게 된다. 이렇게 되면 원활한 신진대사를 방해해 인체의 면역기능을 약화시키고 건강한 세포를 새로 만들지 못해 인체는 질병에 취약하게 되는 것이다.

효소와 비타민, 미네랄 이들 일꾼이 부족한 상태에서 고칼로리 식품을 섭취하는 것은 곧 비만에의 지름길이다.
패스트푸드인 햄버거와 튀김, 치킨, 피자 식품 등은 고칼로리 식품인 반면 효소와 미네랄, 비타민이 아예 없거나 크게 부족한 대표적인 불량

음식이다. 특히 열처리된 이들 식품에는 미네랄과 일부 비타민은 남아 있지만 효소는 전부 파괴되어 존재하지 않는다. 일꾼 중에서도 으뜸 일 꾼인 효소는 조금도 존재하지 않는 것이다.

따라서 몸 안으로 들어온 이들 식품들을 분해하는 일은 고스란히 인 체 내에 있는 효소가 전부 떠맡게 된다. 이는 결국 인체 내 효소의 절대 량의 부족으로 이어지고 그 결과 인체의 면역력이 저하되어 질병에 걸 리게 되고 수명이 짧아지는 것이다.

내가 효소를 모든 국민이 밥과 함께 반드시 먹어야 한다고 부르짖는 이유가 여기에 있다.

현미곡류 효소와 과일,
채소의 이상적인 만남

　현미곡류 효소는 현미에 유용미생물을 접종해서 발효공정을 거쳐 제조된 제품으로서 대두와 기타 미량영양소를 첨가해서 조제된다.

　현미는 비타민 C를 제외한 45종 필수영양소를 함유한 거의 완전식품이며, 현미가 갖고 있는 영양소의 기능성은 발효과정을 거치면서 그 기능성이 현저하게 강화된다. 여기에 미량영양소와 비타민 C를 첨가하면 45종 필수영양소를 모두 함유한 완전식품으로 완성되는 것이다.

　따라서 현미밥을 좋아하지 않고 또 조리되고 가공된 음식물을 섭취할 수밖에 없는 현실적인 제약에 대한 대안은 효소와 비타민, 미네랄을 듬뿍 함유한 현미곡류 효소를 식사 대신, 혹은 식사와 함께 먹는 것이다.

우선 나는 매일 아침 효소 칵테일 한 잔을 마시는 습관을 들이시라고 권하고 싶다. 효소원 분말을 생채소즙에 섞어 마시는 효소 칵테일 한 잔은 여러분의 몸에 놀랄만한 건강을 선물하게 될 것이다.

잘 알다시피 과일은 효소의 보고寶庫이다. 포도당이 많아 몸에 좋지 않다며 과일을 적게 먹는 사람도 있는데 이것은 오해이다. 과일만큼 효소가 풍부한 먹을거리는 없다. 과일은 무엇보다 소화가 아주 잘 된다. 빵이나 쌀, 육류, 유제품은 위장에서 1.5~4시간 동안 머무르는데 비해 과일은 약 30분 만에 소화가 된다. 과일에 함유된 양질의 당분(과당 30%, 포도당 30%, 자당-스크로우스 30%)은 인체 활동의 최상의 에너지를 제공한다. 또 과일에 함유된 과당은 인슐린을 분비하지 않기 때문에 당뇨병에 걸릴 위험이 없다.

과일이 좋은 이유

- 과일의 70%내지 90%는 양질의 수분
- 과일의 수분에는 모든 미네랄이 존재
- 비타민 C가 풍부
- 생과일에는 효소가 풍부
- 식이섬유가 풍부
- 양질의 지방산이 함유(1%정도, 아보카도는 5%)
- 소량의 아미노산이 존재

- 인체를 약알칼리성으로 조정하는데 유효

- 필요한 영양소를 모두 함유

- 파이토케미칼이 풍부하며 항산화작용

- 아침식사로 과일만 섭취하면 인체에 유해한 독소배출을 촉진

- 저칼로리이며 과식해도 살찌지 않음

- 향이 좋고 맛이 좋다

평소 하는 식사에 생채소와 과일, 발효식품을 함께 곁들여서 섭취하면 그 어떤 밥상보다도 건강한 밥상이 된다. 어쩔 수 없이 외식이 잦은 사람도 현미곡류 효소를 함께 섭취하는 것이 좋다.

막힌 파이프를 뚫어주는
효소칵테일

　그럼 효소칵테일은 어떻게 만들까. 방법은 극히 단순하다. 계절과일과 계절채소를 갈아서 현미곡류 효소와 발효식초, 약알칼리성 생수를 넣어 섞어 먹으면 되기 때문이다.

　이렇게 아침에 효소칵테일 한잔을 먹게 되면 어제 하루 동안 쌓인 몸속의 찌꺼기가 깨끗하게 씻어진다. 또 몸의 피로도 말끔하게 풀어준다. 효소는 우선 몸 속의 독소와 찌꺼기를 분해해서 배출한다. 비타민과 미네랄은 효소를 도와 내장기관을 청소해 준다. 식이섬유는 분해되고 남은 음식 잔류물 찌꺼기와 유해균의 사체를 싸서 몸 밖으로 내 보낸다.

　현미곡류 효소에는 효소, 비타민, 미네랄, 식이섬유가 풍부하며 과일과 채소에도 비타민과 미네랄, 식이섬유가 풍부하게 들어있다. 특히 과일과 채소에는 수분이 풍부하며 신선한 과일과 채소 속에든 수분은 몸에 좋은 육각수六角水이다.

좋은 물은 보약이다. 우리 몸의 약 70%는 수분이며 우리 몸의 약 7.7%는 혈액이다. 몸의 피와 수분(체액)만 깨끗해도 다들 건강하게 된다. 이 체액과 피가 흐르는 파이프, 우리 몸을 관통하는 파이프가 건강해야 인체도 더불어 건강해지는 것이다.

입에서 항문까지의 소화기관 파이프가 건강해야 하고, 몸 구석구석에 영양소와 산소를 나르는 총 연장 96,000Km에 이르는 혈관파이프가 막히지 않고 혈액이 잘 순환해야 우리 몸은 건강해진다.

바로 이 일을 가능하게 해주는 것이 아침식사 대신으로 마시는 효소 칵테일 한 잔인 것이다. 이 칵테일 한 잔으로 허기를 달래기 힘든 분은 현미곡류 효소를 적당량 더 첨가해서 드시면 된다.

현미곡류효소에 풍부하게 함유된 식물성 단백질, 식물성 지방, 탄수화물은 기능성과 영양소 성분이 뛰어난 완전식품일 뿐 아니라, 발효공정을 거친 식품이므로 남녀노소, 병약자 모두가 잘 소화할 수 있는 기능성식품이다.

현미곡류 효소는 현미와 대두를 미생물 접종으로 발효시킨 후 생성된 유용 물질로 조제되어 있다. 3대 영양소인 탄수화물, 지방, 단백질, 그리고 효소와 미네랄, 비타민, 식이섬유가 풍부하게 함유되어 있는 완전식품이다. 필요에 따라 적당량을 첨가해 드시면 충분한 포만감을 주고도 남을 것이다.

매일 아침 몸 안의
찌꺼기와 독소를 씻어라

아침에 효소칵테일 한 잔을 곧바로 실천한다면 누구나 몸의 변화를 금방 느끼게 된다. 현미곡류 효소 제품인 효소원의 효소 역가(力價)는 타의 추종을 불허하는 높은 수준이다. 이 강력한 복합효소의 힘은 며칠만 마셔도 누구나 몸의 현격한 변화를 실감할 수 있게 한다.

특히 효소칵테일은 누구나 어렵지 않게 만들어 마실 수 있다. 이렇게 해서 아침마다 효소칵테일로 몸 안의 찌꺼기와 독소를 씻어낸다면 매일 매일 건강한 아침을 시작할 수 있을 것이다.

나는 매일 아침 약 700cc의 효소칵테일 한 잔만으로 식사를 대신하고 하루를 활기차게 시작한다. 전날에 쌓인 피로와 몸 안의 이물질을 모두 청소하는 것으로 하루를 시작하는 것이다.

효소칵테일 구성[1例]

- 현미곡류 효소: 인체에 필요한 필수 영양소 45가지 함유

- 뿌리채소와 잎채소: 무, 무잎, 배추, 당근, 토마토, 오이, 샐러리 등 계절 채소

- 뿌리작물: 마, 고구마, 연근, 우엉 등 계절 작물

- 과일: 바나나, 사과, 키위, 귤, 딸기, 배, 수박, 포도 등 계절 과일

- 식초: 현미 발효식초

- 물: 가능하면 활성탄으로 거른 약알칼리성 생수

건강한 밥상메뉴[1例]

- 아침: 효소칵테일-과일과 채소, 현미효소, 현미 발효 식초와 좋은 물 (약알칼리성)칵테일

- 점심: 현미잡곡밥 또는 감자 또는 삶거나 구운 고구마, 토란 찐 것이나 메밀 해조류가 많이 든 샐러드, 드레싱은 아마인유(아마의 씨에서 짜낸 기름), 올리브유, 소금은 천일염, 후추, 간장 등 조미료는 적은 양 사용. 녹차, 현미효소

- 저녁: 현미잡곡밥, 해조류 샐러드, 된장국, 현미발효 식초, 채소(미역, 오이), 두부, 육류 또는 생선 소량, 녹차, 현미효소

내 몸의 어딘가에서 자꾸 이상한 신호를 보내오고 있다면, 아니 건강에 적신호가 켜졌다는 의심이 든다면 주저 말고 매일 아침 효소칵테일을 만들어 드시길 바란다.

뱃살 때문에 허리둘레가 자꾸만 늘어나는 중년들도 마찬가지이다.

아침마다 효소칵테일이 들어오면 내 몸의 내장기관들은 소리 없이 환호하고 서서히 군살이 빠지면서 몸이 가벼워지기 시작할 것이다.

믿고 바로 실천하는 분들은 건강에의 지름길로 들어서게 된다. 매일 아침 효소칵테일 한 잔이 여러분을 건강과 장수의 길로 인도할 것이다.

효소칵테일은 여성들의 미용과 다이어트에도 최상의 메뉴이다. 충분한 효소는 여성들의 신진대사를 활성화함으로써 피부는 건강하고 윤기나는 피부로 탈바꿈하게 되고 복부주위의 지방은 분해되어 서서히 자취를 감추게 될 것이다.

효소가 충분히 공급되어야 몸 안의 독소는 분해되어 체외로 배출되면서 소장과 대장이 건강한 상태를 유지할 수 있다. 여성들 가운데 끼니를 거르거나 좋아하는 음식만 섭취하는 사람이 많은데 편식은 건강을 해칠 뿐 아니라 미용에도 좋지 않고 정신에도 악영향을 초래한다.

편식이나 결식으로 인한 비타민 B1과 칼슘의 부족은 초조함, 집중력, 기억력 저하의 원인이 되고, 또 비타민 C의 부족은 정서불안정을 비타민 A의 부족은 저항력의 저하를 불러 감기에 걸리기 쉬운 체질로 만든다. 따라서 살이 찔까 봐 고민하거나 다이어트를 위해 끼니를 자주 거르는 여성들에게도 매일 아침 효소칵테일 한 잔은 커다란 축복이 될 것이다.

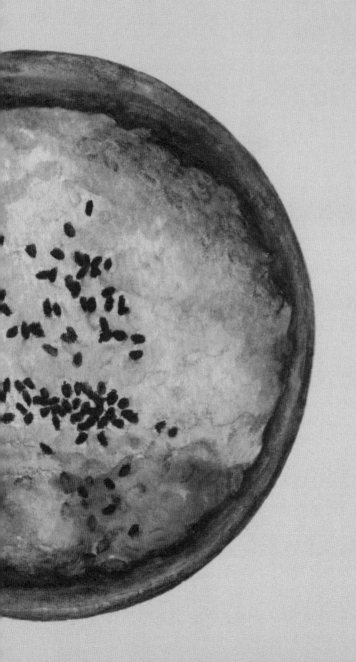

PART 10

효소원

수명 백세 시대

국민건강에 이로움을 주는 가치의 창출

'극極과 극입니다!' 현대건설을 떠날 때 회사동료가 내게 한 말이다. 미생물 관련 사업을 한다는 사실을 알고 한 얘기이다. 하기야 맞는 말이기도 하다. 댐과 미생물의 크기를 비교할진대 그렇다.

거대한 구조물을 세계 곳곳에 건설하는 현대건설을 떠나 건설과는 먼 생소한 분야인 미생물, 그것도 눈에 보이지도 않는 미생물을 업으로 삼겠다고 나섰으니 그럴 만도 할 것이다.

지난 1999년, 오랜 기간 근무했던 현대건설을 떠날 때 나는 망설이고 또 망설였다. 그러나 마침내 결심하고 떠난 이후 10여 년이라는 세월이 흘렀다. 떠난 것이 잘된 것인지 아닌지 판단하기에는 아직은 이르다. 미생물 사업이 성공하면 잘된 것이고 잘못되면 잘못된 것이다. 보다 정확하게는 미생물이 만들어내는 효소가 나의 업이 되었다. 미생물도 밥을 먹고 자란다. 자라면서 대사하는 물질이 효소가 된다.

미생물은 여러 가지 밥을 먹고 자란다. 예컨대 소맥피(小麥皮)를 먹고 자라는 미생물은 소맥피의 구성성분인 탄수화물, 단백질, 지방, 섬유소를 먹고 자라면서 소맥피의 각 구성 성분에 상응하는 아밀라아제, 프로테아제, 리파아제, 셀룰라아제를 대사한다. 이들 효소는 우리 일상생활 속에서 매우 유용하게 쓰이고 있다.

우리가 잘 모르고 있지만 이미 우리 일상생활 속에는 효소가 깊숙이 들어와 있다. 식용으로, 의약용으로, 공업용으로, 축산용으로 그 용도는 광범위하고 앞으로 그 이용범위는 더욱 더 넓고, 크고, 깊어질 것이다.

그 광범위한 얘기를 여기서 다 할 수는 없고 그럴 능력도 부족하다. 나는 아직도 미생물에는 문외한이다. 미생물 사업을 한다고 감히 이런 저런 얘기를 할 자격도 없다.

현재의 내 관심은 효소를 이용해 사람들의 건강에 이로움을 주는 제품을 만드는 것에 국한되어 있다. 그 이로움이라는 가치를 창출함으로서 이를 사업화하는 것이 나의 당면목표인 것이다. 나는 효소가 사람에게 이로움을 준다는 강한 믿음이 있다. 효소는 우리가 밥을 먹듯이 매일 먹어야 한다.

오키나와는 왜 세계 최장수 지위를 잃었나

일본에서는 현미효소를 먹는 것이 일상적인 식습관으로 자리 잡고 있으며 이와 함께 일본 사람들이 일상적으로 먹는 식품이 '낫또'이다. 낫또는 한국의 청국장과 유사한데 혈전을 분해해서 피를 깨끗이 하는 작용이 강한 '나토키나아제'라는 효소가 다량 함유되어 있는 것이 특징이다. 따라서 낫또를 매일 먹는 사람들의 피는 맑을 수밖에 없으며 이 맑은 피는 인체의 면역력을 높이고 질병을 예방해 준다. 이와 같이 기능성 식품인 현미효소와 낫또를 많이 그리고 매일 먹기 때문에 일본이 세계 제일의 장수국가 지위를 누리고 있는 것이 아닌가 싶다.

그런데 최근 오키나와 주민들의 평균 수명이 단축되고 있다는 통계가 나오고 있다. 왜 그럴까? 조사 결과 공기와 물은 변화가 없었지만 식습관에 그 이유가 있었다. 오키나와에는 미군기지가 있는데 미군이 주둔하면서부터 패스트푸드 점포가 우후죽순으로 들어서고 술집이 늘어났다. 그 결과 먹고 마시며 즐기는 미국식의 놀이 문화가 침투하면서 보수적인 오키나와 주민들의 삶을 바꿔놓기 시작했다. 이로 인해 오키나와 주민들 특히 젊은 세대들은 미국의 식문화에 젖어 일본의 전통 식문화를 멀리하게 됐으며 결국 효소가 부족한 식생활로 바뀌면서 수명의 단축을 불러온 것이다.

그런데 이는 오키나와 주민 중에 남자들이 그렇다는 것이고 대다수의 여성들은 여전히 고유한 전통의 음식물을 먹으며 술집 출입도 하지 않는 종전의 생활습관을 유지해 오고 있다. 그래서 오키나와 여성들은 여전히 세계에서 가장 장수하는 사람들로 기록되고 있지만 남성들의 수명이 단축돼 오키나와의 평균수명은 저하되고 만 것이다.

현재 일본에서 오키나와의 자리를 물려받아 세계 최장수 지방으로 꼽히는 곳이 나가노 현縣이다. 동계올림픽을 개최하기도 했던 나가노 현은 일찍이 지방자치단체가 주민의 건강과 자연환경에 많은 관심을 갖고 건강한 나가노 만들기에 온 힘을 쏟았다. 즉 자연환경을 살리고 건강한 식습관과 생활습관을 갖추자는 운동을 지속적으로 추진해 온 결과 나가노 현은 세계 최장수 지방이 된 것이다.

한때 세계 최고의 장수지방이었던 오키나와 주민들의 평균수명이 줄어들고 그 자리를 물려받은 나가노 주민들의 예는 우리에게 시사한 바가 매우 크다. 결국 식생활, 또는 생활습관의 방식에 따라 사람의 건강과 수명은 변화한다는 사실을 단적으로 입증하고 있는 것이다.

수명 백 세 시대의 소망

일본 사람들은 건강에 관심이 높고 또 관리를 잘 하는 국민들이다. 그들은 대체로 전통 발효음식을 많이 섭취하고 육식보다는 생선을 즐긴다. 또 소식을 하고 기능성 건강식품을 일상적으로 섭취하며 녹차를 많이 마시고 있다.

일본이 세계 최장수 국가의 지위를 누리고 있는 것도 이와 밀접한 관계가 있다. 백 살이 넘은 할머니, 할아버지들이 활동하는 나라가 일본이다. 백세 노인이 혼자 지하철을 타고 나들이를 하며 전통 춤과 무용을 배우고, 공작기계를 이용해 여러 소품을 만들기도 하는 나라가 일본이다. 실제로 백 살을 넘은 나이에 남의 도움 없이 자원봉사까지 하면서 왕성하게 활동하는 노인이 계속 늘어나고 있다.

아마 우리 한국도 일본처럼 백 살까지 사는 것이 뉴스가 되지 않고 상식이 되는 날이 곧 올 것이다. 그러나 무조건 오래 사는 것은 의미가 없다. 혼자 힘으로 걷고 일하고 왕성하게 활동할 수 있어야 의미가 있는 것이다.

이를 위해서는 신선한 채소와 과일, 곡류 중심의 음식, 소식, 적당한 운동, 편안한 마음, 그리고 기능성 식품 특히 효소식품을 섭취하는 생활

246

습관이 일상생활로 자리 잡아야 한다. 그러함으로써 국민 모두가 수명 백 세 이상을 누리며 건강하게 살아가는 날이 하루라도 빨리 실현되는 것이 나의 간절한 바람이자 소망이다. 내가 효소원을 개발한 가장 큰 이유이기도 하다.

한국효소가 걸어온 길

축산용 사료첨가물로 인정받은 효능

우리 한국효소는 일찍이 발효, 주정용 효소를 전문으로 하여 한때는 전국의 주정회사에 독점 공급하던 회사였다. 그 후 축산용 사료첨가제를 개발해서 농협과 축협을 비롯한 전국의 축산농가에 공급해 오고 있다. 품질검사가 까다롭기 짝이 없는 농협과 축협, 축산농가에 공급해오고 있다는 것은 동물에게 날마다 직접실험을 하고 있는 것과 조금도 다르지 않다.

한국효소의 효소제재가 들어간 사료를 먹은 가축들이 건강해지는 사실을 그동안 현장에서 수없이 확인했다. 이는 효소를 먹인 동물이 건강해진다는 사실을 객관적으로 검증 받아온 것이다.

사료첨가제를 처음 축협에 납품했을 때의 일화이다. 축협이나 농협에 사료첨가제를 신규로 납품하는 일은 여간 어려운 일이 아니다. 설사 납품에 성공했다고 해도 효과가 없는 제품은 곧바로 퇴출되고 만다.

2001년 5월 강원도 횡성군 갑천면 소재 '벳세다' 양계농장의 손정기 사장은 계란표면에 발생하는 점박이 문제로 무척이나 고심하고 있었다. 좋다는 사료첨가제란 첨가제는 다 써 보았지만 검은 점박이는 사라지지 않았다. 점박이가 있는 계란은 내용물이 아무리 훌륭해도 상품가치가 떨어져 제 값을 받지 못한다. 손사장의 농장은 풀무원에 유정란을 납품하고 있었는데 알다시피 풀무원은 또 얼마나 까다로운 구매처인가.

우리 한국효소 직원들은 당시 갓 개발한 사료첨가제인 '파워자임'을 들고 벳세다 양계장을 찾아가 그곳 양계장 닭들에게 먹이는 사료에 0.3%의 파워자임을 혼합해서 3일 동안 먹이는 실험을 했다. 그 결과 놀랍게도 손사장을 오래토록 괴롭혔던 검은 점박이가 사라진 것을 확인했다.

손사장은 깜짝 놀란 나머지 이 사실을 지금은 고인이 된 당시 축협중앙회 명의식 회장님에게 보고했다. 그러자 명회장님은 '파워자임'의 효능을 다시 한 번 확인하는 절차를 거친 후 축협에 납품하는 제품으로 승인하기에 이르렀다. 이 파워자임은 현재까지도 축협과 농협에 납품을 계속하고 있는 한국효소의 장수제품 중의 하나이다.

또 하나의 사례가 있다. 지난 2002년 12월 충남 보령시 주포면 소재 '청솔농장'

한경대학교 축산학과 교수인 황성구, 남기택 박사님과 함께 실험농장인 청솔농장을 방문해서 농장주인 조수행씨와 면담을 했다. 청솔농장은 무창계사(無窓鷄舍-창이 없이 환기구 도는 환기장치를 이용하는 닭 사육시설)로 양계 10만 수를 사육하는 농장이었다.

우리 한국효소는 그 농장의 닭 사료에 파워자임 0.3%를 혼합해서 1개월 정도 먹이도록 했었는데 그 효과가 어떤지 확인하기 위해서 방문한 것이었다. 그런데 결과는 놀라웠다.

첫째, 청솔농장의 닭들이 낳은 계란은 슈퍼에서 가장 먼저 팔려나가는 큰 사이즈 계란인 왕란이 전체 산란 양의 약 70%이상을 점했고(종전엔 50%이하)

둘째, 파란율(破卵率-작업 중에 알이 깨지는 비율)이 3%미만(종전 5%이상)으로 줄어들어 제품수율이 향상돼 수익성이 좋아졌다. 그리고 이로 인해 알의 선별 및 포장작업과 청소작업에 소요되는 시간이 1시간 이내로 단축(통상은 3시간 이상 소요됨)되어 생산성이 향상되었으며

셋째, 산란율(닭이 낳은 알의 총량)이 늘었고

넷째, 분변상태가 개선되어 냄새가 거의 발생하지 않았으며, 배설물은 톱밥과 혼합되어 비료로 만들어져 판매됨으로써 농장의 수익성이

증대되고 있었고

다섯째, 마리당 산란일수가 통상적인 50일에서 한 달 정도 늘어나 마리 당 산란 총량이 늘어남으로써 수익성이 크게 향상되었으며

여섯째, 닭이 하나 같이 건강해졌다는 것이다. 닭 벼슬이 건강한 붉은 색깔로 변하고 꼿꼿이 섰다고 농장주 조수행 씨가 설명했다.

가축에게 좋은 것은 사람에게도 좋다

양계농가가 인정한 이와 같은 사례는 양돈 축산농장에서도 확인됐다.

돼지의 고질적인 질병인 PMWS, PRRS, 돼지 인플루엔자, 살모넬라로 인해 양돈농가들은 아까운 돼지들을 폐사시키고 있다. 돼지는 추위에 약하고 전염병에도 쉽게 감염되기 때문에 양돈농가의 성공 여부는 돼지 질병과의 싸움에서 어떻게 살아남느냐에 달려있다.

처음 충남 홍성시에 소재한 양돈 사육농장에서 돼지사료에 파워자임 0.3%를 혼합해서 먹인 후 1개월이 경과하자 다음과 같은 효과가 나타난 것을 확인했다.

첫째, 폐사율이 30%에서 10%수준으로 낮아졌고

둘째, 설사 방지효과가 확인되었으며

셋째, 사료효율이 향상되어 사료의 비용절감 효과가 발생했고

넷째, 증체(增體-돼지의 몸무게가 증량)로 인한 농가 수익성 향상

다섯째, 배설물 총량이 감소해 이로 인한 작업자의 작업량이 줄어들고 생산성이 향상되었으며

여섯째, 효소의 작용으로 배설물이 발효함으로써 배설물 처리작업이 용이해져 비용의 감소효과가 나타났다.

그리고 2003년 개발된 MSM 및 HBT(한약추출물)를 이용한 면역력 강화용 사료첨가제를 개발해 경기도 안성시에 있는 쌍용농장의 산란계 10만 수의 사료에 첨가했더니 폐사율이 20%에서 1%대로 감소했다.

또 경기도 포천시 은호농장의 산란계 4만 수의 사료에 첨가한 결과 폐사율과 난각상태가 개선된 것은 물론, 당시 가금류 인플루엔자인 AI가 번져 주변농장의 피해가 많았지만 이 농장은 피해가 없음이 확인됐다.

2004년에는 상엽과 소엽 등 4가지 한약재와 효소를 이용해 항바이러스와 항균효과가 있는 제품을 개발해서 경기도 양주시에 있는 은현농장의 산란계 2만 수의 잔반사료에 첨가했더니 산란율이 20~30%에서 85%까지 증가했다.

이밖에 경기도 동두천의 실험농장, 대진대학교 실험농장, 충남아산시 사양농가, 경기도 화성시 정남면의 육계농장, 전북 김제의 낙농농가,

경기도 화성시의 사양농가 등 우리 한국효소가 개발한 사료첨가제를 공급해 효능을 확인한 농장은 헤아릴 수 없이 많다.

이럴 때마다 나는 보람을 느꼈다.

육우농장 농장주는 소의 방귀에서 단내가 난다고 얘기하고, 낙농농가에서는 젖소의 체세포 수가 줄어들어 건강해졌다고 했다. 체세포 수가 줄어들었다는 것은 젖소의 유방이 건강해졌다는 얘기이다. 젖소의 유방은 오염되기 쉽고 오염된 젖소의 유방에서 생산되는 우유는 제값을 받지 못한다. 그런데 우리 한국효소의 사료첨가제를 먹였더니 소들이 그렇게 건강해졌다는 것이다.

우리 한국효소는 현재도 사료첨가제를 전국의 축산농가에 공급하고 있으며 가축들의 건강상태를 실시간으로 모니터링하고 있다. 나는 이들 가축에게 먹인 효소의 효능을 직접 현장에서 수없이 확인했다. 그리고 가축에게 좋은 효소는 사람에게도 좋을 수 있다는 확신이 서기 시작했다. 무엇보다도 미국과 유럽, 일본에서는 효소가 이미 가축 사료첨가제 뿐 아니라 의약품과 화장품, 기능성식품 등으로 광범위하게 이용되고 있다는 사실을 잘 알고 있었다.

발효 한약재의 개발과 보급에 나서다

우리 회사에서는 한약재의 기능성 개선을 실현한 '허브자임'을 개발해서 이것도 전국의 한의원에 납품하고 있다. 이 부문에서는 경원대학교와 한약재의 기능성 향상을 위한 산학공동연구를 지속적으로 하고 있으며 중요한 성과가 나타나고 있다.

어떤 물질이든 발효공정을 거치게 되면 발효 물질에 함유된 고유의 유익한 기능성은 증대되고, 해당 물질에 함유된 유해물질은 분해되어 독성이 없어지게 된다.

한약재 역시 섬유질 부분에 함유된 유익성분은 통상적인 열탕 추출법으로는 추출되지 않지만 효소처리를 하면 먼저 약재에 함유된 섬유질이 섬유질을 분해하는 효소인 셀룰라아제에 의해서 잘게 분해된다. 그리고 잘게 분해된 섬유질은 다시 효소에 의해서 당糖으로 변환됨으로서 한약재가 갖고 있는 유효 영양성분이 극대화되는 것이다.

한국효소 발효식품연구소에서는 23가지 한약재를 효소로 처리하는 실험을 진행했고 그 결과 적게는 1.1배 많게는 45.3배의 환원당 수치가 증대되는 사실을 확인했다.

환원당還元糖이란 한약재의 성분이 영양성분인 당으로 변환한 것을 말한다. 환원당이 증대했다는 사실은 한약재의 유용성분이 증대했다는 것이다.

예컨대 한약재의 부자附子의 경우 효소처리하지 않은 것과 효소 처리한 것을 비교했을 때 무려 45.3배의 환원당 수치가 나타난 것으로 확인됐다. 반하半夏는 40.8배, 당귀當歸는 11.3배, 황기黃蓍는 10.9배, 복령茯苓은 8.3배, 천궁川芎은 7.9배, 인삼人蔘은 6.1배 등이었다.

효소는 한약재 고유의 유익한 기능성을 증대할 뿐 아니라, 수입 한약재에 함유된 것으로 의심되는 농약 성분을 분해해서 무독화 하는 힘이 있다.

한국효소는 대학 및 관련 연구기관들과 연합체를 형성해서 한약재를 발효함으로써 그 기능성을 획기적으로 증대하고, 한약재의 안전성을 확보하는 연구를 계속 진행하고 있다.

기존의 한약재 탕제방식은 앞으로 발효한방 방식으로 대체되어 갈 것이다. 이는 발효한방이 뛰어난 경쟁력과 안정성을 입증하고 있기 때문이다. 중국과 일본에서도 발효한방에 대한 연구가 진행되고 있지만 현시점에서는 한국이 가장 앞서 가고 있다. 한국의 대학에는 한의학부가 있으나 일본 대학에는 없다. 중국 또한 한국보다 이 분야에서는 뒤지고 있으며 한국이 미래의 발효한방을 주도하게 될 것으로 기대되고 있다.

효소원의 개발 과정

사람의 몸에 이로운 효소를 개발하자

효소의 놀라운 기능성은 새삼스러운 일이 아니다. 앞서 말했듯이 사람의 일상생활에 깊숙이 들어와 이미 널리 이용되고 있을 뿐 아니라 예방의학, 한방과 양방 의학, 의약품, 화장품, 미래의 식량 문제 해결에도 크게 기여하게 될 것이다.

나는 효소가 현대인이 직면하고 있는 고질적인 생활습관병의 해결사로서 그 역할이 갈수록 크고 지대할 것으로 믿고 있다. 이는 이미 국내외에서 충분히 검증된 자료들을 토대로 하는 말이다. 이와 같은 확고한 믿음이 나를 '효소원'이라는 제품의 개발로 이끌었고 또 효소의 진정한 효능을 먼저 깨달은 사람으로서 이 책을 저술해 효소를 섭취해야 하는 당위성을 알리는 것이야말로 내게 부여된 작은 사명이라고 생각한다.

우리 한국효소가 개발한 현미효소 제품인 효소원은 지난 5년여의 연구개발 과정을 거쳐, 현미와 대두에 유용 미생물을 접종해서 발효시키는 실험을 계속한 후에 수확된 결과물이다. 현미는 필수영양소를 거의 모두 함유하고 있는 완전식품이다. 또 대두가 좋다는 것은 만인의 상식이 아닌가.

거듭 강조하거니와 미생물을 접종하면 현미와 대두의 유용성분은 그 고유의 기능성이 크게 증대된다. 그리고 발효한 현미, 대두는 소화가 용이한 영양소로 변환되어 있기 때문에 누구나 쉽게 먹고 소화할 수 있는 고기능성식품인 것이다.

우리 한국효소는 산업용 효소제품 제조회사로서 효소의 생산기술과 연구소, 기술인력, 생산시설을 이미 모두 보유하고 있는 데다 사료첨가제로 이미 충분한 검증을 받았다. 이 때문에 처음부터 현미효소제품의 제품개발에 자신감을 갖고 임했으며 개발과정에서도 큰 어려움이 없었다. 이제 가축보다 사람에게 직접적으로 도움을 주는 현미효소의 개발을 우리 한국효소가 해야 할 목표로 설정하고 총력을 기울인 것이다.

국내외에는 이미 우리가 목표로 한 현미효소와 유사한 제품들이 있었다. 우리는 먼저 이 제품들을 모두 수집해서 철저한 분석 작업을 진행했으며, 시제품을 계속 만들어 가며 품질의 비교 분석 작업을 계속했다.

비교 분석결과는 예상과 어긋나지 않았다. 산업용 효소제품으로 검증된 우리 한국효소의 발효기술 수준은 국내외를 막론하고 그 어느 유사제품 생산업체보다도 우수한 것으로 나타났다.

최고의 발효기술에 대한 자부심

예컨대 국내외 유사제품 중에 효소의 역가가 가장 높은 제품은 일본에서 크게 성공한 모 현미효소 제품이다. 그런데 비슷한 원료를 사용한 이 회사 제품과 우리 한국효소 시제품의 효소 역가力價를 비교 분석한 결과, 우리 제품의 역가가 10배 이상의 고역가임이 확인됐다. 기대 이상의 결과였다. 나와 우리 한국효소 연구진들은 자신감을 가졌다.

이 일본회사는 효소의 중요성도 잘 이해하고 있고 효소 역가 역시 상당 수준에 이르고 있는 것으로 조사됐지만, 효소보다도 현미가 갖고 있는 영양성분의 가치에 보다 더 많은 비중을 두고 있는 것으로 판단됐다. 이 일본회사는 현미를 자체농장에서 재배하고 있을 정도로 현미에 강한 집착을 갖고 있다. 이 회사의 연구에 의하면 현미에는 비타민 C를 제외한 모든 영양소, 즉 45가지 필수 영양소가 모두 함유되어 있다.

이 일본회사는 현미효소 전문 제조회사로서 현재도 계속 성장하고 있는 우량회사다. 일본 내에서 많은 소비자를 확보하고 있으며 지도자

급 유명인사들 중 기업인과 정치인, 산악인, 의사, 연예인 등 이 회사 현미효소 제품의 충성고객이 많다.

일본에서 사세가 확장일로에 있는 이 회사보다도 더 우수한 제품을 만든다면, 한국에서도 충분히 사업이 성공할 것으로 보고 제품개발에 박차를 가했다. 사실 우리 한국효소는 최고의 현미효소 제품을 만들기 위한 모든 조건을 이미 구비하고 있었다.

우리 한국효소 공장은 일찍이 ISO9001을 취득했고 HACCP인증서를 받았으며, 벤처기업이자 이노비즈기업이기도 하다. 따라서 새로운 제품을 만들기 위한 모든 필요조건을 갖추고 있었기 때문에 주저할 일이 없었다.

납득이 될 때까지 만들고 또 만들어라

이에 따라 한국효소 발효식품연구소는 본격적인 제품개발에 매달렸고 시제품을 계속 만들어 사내외의 많은 사람들에게 시식을 시키면서 제품에 대한 품질평가서를 수집했다.

미생물을 이용한 발효식품은 미생물이 가장 잘 자랄 수 있는 환경을 조성하는 것이 매우 중요하며, 또 그 환경은 4계절의 기후변화에도 불구하고 일정한 기준을 유지시켜주는 것이 요구된다. 발효가 완성된 결과물은 허용치 범위 내의 오차에 머물러야 하고 제품의 표준화를 훼손시켜서는 안 된다.

우리 한국효소는 일본제품을 뛰어넘어 세계 제일의 품질을 확보하는 것을 목표로 시제품을 만들고 또 만들었다. 납득될 때까지 만들었다. 사람이 먹는 제품이며 특히나 기능성 건강 제품인데 내 자신과 우리 연구진부터 납득이 되지 않으면 그것은 거짓제품이 된다. 우리는 정직한 제품, 최고의 제품을 만들어야겠다는 일념으로 매진했다.

이에 따라 여러 유용물질을 조제함에 있어서 수십 가지의 조합을 실험, 분석했고 품질의 안정성과 균일화, 고기능성 확보, 표준화 작업에 착수했다. 이 모든 연구와 작업은 현재는 물론 앞으로도 계속 진행될 것이다.

우리 한국효소는 이와 병행해 새로운 유용물질에 대한 연구도 계속 진행하고 있다. 고기능성을 가진 새로운 물질이 개발되면 제품의 경쟁력이 계속 향상될 것이기 때문이다. 이것은 사람에게 보다 더 이로운 효소제품을 공급하겠다는 의지이며 한국시장을 넘어 세계시장에서 훌륭히 통용될 수 있는 현미효소 제품을 생산해서 공급하는 것을 목표로 한 것이다.

그 동안 우리 한국효소는 사료첨가제를 개발하는 과정에서 많은 유용성 물질들을 개발하고 특허를 출원했다. 그리고 이들 유용물질들은 사료첨가제로 만들어져 축산농가에 공급됐고 그 결과 농가에서 사육되고 있는 가축들이 건강하게 변모하는 실태를 수치로 확인하고 있다.

유용물질의 잇따른 개발

예컨대 우리 한국효소는 베타글루칸이라는 물질을 개발해 특허를 취득했는데 이 베타글루칸은 버섯에 함유되어 있는 물질로서 사람과 동물의 면역체계를 강화하는 효과가 입증된 물질이다. 효모의 세포벽인 베타글루칸은 미국의 차세대 건강기능성 식품으로 FDA의 일반기준(GRAS 규격 Title 21, VOL.3)에 기재되어 있으며 지속적으로 판매가 증가하고 있다. 우리 한국효소는 베타글루칸을 이미 생산해 가축용으로 판매해왔다.

베타글루칸은 대식세포(Macrophage)와 자연살해세포(NK cell), T cell의 활성을 통한 세포성 면역, 항체를 생산하는 B cell의 활성을 통한 체액성 면역의 자극으로 면역체계를 증폭시킨다는 보고가 있다. 또 항암효과에 대한 기전도 많은 연구자들에 의해 보고되고 있으며, 비특이적 면역의 자극, 세포의 빠른 재생 및 치료, 골수의 빠른 재생, 항산화 효과, 암세포의 특이적 사멸, 콜레스테롤의 수치를 낮추는 효과를 지니고 있다. 이 베타글루칸은 사람 외에도 새우, 어류, 돼지, 반추위 동물, 말, 개 등의 동물에게도 효과를 나타낸다.

사람들은 암에 걸린 사람에게 버섯 죽을 먹인다. 이것이 효험이 있다고 전래되어 왔으며 그렇게 믿고 먹게 하는 것이다. 그리고 실제로도 그 효험을 확인할 수 있었기 때문이다. 버섯에는 베타글루칸이 풍부하게 함유돼 있다. 바로 이 베타글루칸 성분이 암환자의 면역체계를 강화해 치유효과를 나타내는 것이다.

그러나 모든 베타글루칸이 다 좋은 것은 아니다. 면역체계를 강화시키는 것은 베타글루칸 중에서도 베타글루칸 1,3와 베타글루칸 1,6로 표기되는 물질로서 수용성 베타글루칸이라야 한다. 우리 한국효소는 바로 이 수용성 베타글루칸 1,3와 베타글루칸 1,6에 대한 특허를 취득한데 이어 이 균주를 이용해서 대량생산하는 시스템을 보유하고 있다. 그리고 이렇게 해서 생산된 제품을 사료첨가제로 활용해 그 성과를 가축들로부터 이미 확인해 온 것이다.

현미효소 효소원이 왜 좋은가

그런데 국내외의 현미효소 제품 가운데는 그 어느 제품도 이 물질이 포함돼 있지 않다. 일본회사 제품 중에 버섯이 들어간 제품이 있기는 하지만 그것은 단지 버섯을 소량 갈아서 혼합해 만든 제품에 불과하다. 그럼에도 불구하고 이 제품은 프리미엄 제품으로 매우 고가에 판매되고 있다. 이에 비해 우리 한국효소는 버섯 성분 중에서도 면역체계에 직접 작용하는 유용 기능성 물질인 베타글루칸 1,3와 베타글루칸 1,6엑기스를 집중적으로 생산해서 제품에 첨가하고 있다.

그리고 감마-PGA라는 물질이 있다. 산성 아미노산(Glutamicacid)이 펩타이드와 결합한 물질로서 칼슘이나 철과 같은 미네랄과 잘 결합하는 특징이 있고, 생체 흡수율이 우수한 물질이다. 우리 한국효소는 이 감마-PGA를 생산하는 균주와 기술을 보유하고 있으며 이미 사료첨가제에 혼합해서 사용하고 있다.

감마-PGA의 효능

- 항암, 성인병 예방
- 성장촉진
- 항알러지-아토피 및 과민성 증상 예방
- 칼슘 및 철분 등 미네랄 흡수촉진-어린이 성장 촉진, 골다공증 예방, 임신 및

수유부 빈혈 예방

• 항산화효과 및 콜라겐 생성 촉진-노화 및 주름 개선

• 유익균(비피더스 유산균) 생육촉진, 정장효과, 변비 예방

이 베타글루칸과 감마-PGA는 한국효소가 만든 현미효소 효소원 전 제품에 조제, 혼합되어 있다. 현미와 대두를 배지로 이용하고 미생물도 일본회사와 동일하지만 한국효소는 여기에 더해 인체의 면역기능과 노화예방에 효과가 있는 유용물질을 사용하고 있는 것이 다른 것이다.

효소원의 효과

절대로 과대포장을 하지 마라

어떤 경우든 사실을 과장하는 것은 옳지 않다. 있는 그대로의 사실에 입각해서 말하고 보여줘야 한다. 이것이 정도이며 그래야 믿음과 신뢰를 주고 생명력이 오래 간다. 과장을 하거나 과대포장을 하면 일시적으로 원하는 것을 얻을 수 있을지 모르지만 이내 믿음과 신뢰를 잃고 오래 가지 못한다. 특히 기능성 건강식품 산업에서 그런 사례를 많이 보아왔다. 그런 의미에서 기적이라는 말을 사용하는 것도 솔직히 탐탁치가 않다. 사람들을 호도하는 느낌을 주기 때문이다. 그러나 효소원을 판매하기 시작하고 나서 얼마 되지 않아 정말 믿기 어려운 얘기가 들려왔다.

효소원을 출시한지 20여 일이 지난 2009년 5월 7일, 한국효소주식

회사의 판매법인인 주식회사 효소코리아 사무실로 수원의 형제사랑교
회 권사님 부부가 아기를 등에 업은 젊은 엄마와 함께 찾아왔다.

　아기를 본 사람들은 깜짝 놀랐다. 아기는 그때 생후 9개월이었는데
아토피가 어찌나 심하던지 차마 눈을 뜨고 볼 수가 없을 정도였다. 아기
의 얼굴은 입 주변과 눈가, 이마까지 아토피가 번져 피부가 벌겋게 떠있
었고 거기다 진물이 범벅이었다. 아기의 부모는 이 아토피를 고치기 위
해 백방으로 수소문하며 좋다는 병원은 가 보았지만 백약이 무효였다
고 했다. 아기가 얼굴을 긁으면서 울고 어찌나 괴로워하던지 엄마는 세
상을 살고 싶은 마음이 없었다고 했다. 거기다 바로 위의 4살짜리 아이
까지 건강이 좋지 않아 하루하루가 지옥이었다. 아기의 아빠는 벤처기
업의 컴퓨터 프로그래머로 직업의 특성상 밤늦게까지 일에 매달려야
하는 경우가 많은데, 아내 혼자 두 아기를 감당 못하기 때문에 날마다
일찍 퇴근할 수밖에 없어서 회사에서는 감원 대상 1순위였다고 했다.
아토피의 가려움 증상은 밤에 더 심하게 나타나기 때문에 부부는 번갈
아가며 밤을 새웠다고 했다. 아이를 키워본 사람은 그것이 얼마나 힘든
일인지 이해할 것이다.

　이 가족의 안타까운 모습을 지켜본 같은 교회 권사님이 궁리 끝에 안
면이 있는 소금나무교육원의 윤종국 원장에게 아기와 엄마를 데리고
찾아온 것이었다. 윤종국 원장은 오랫동안 자연의학을 연구하고 강의
해 오신 분으로 권사님은 이전에 건강이 좋지 않고 당뇨병까지 앓았을
때 윤종국 원장으로부터 자연건강법을 지도 받은 적이 있었다. 신뢰가

있었기에 믿고 찾아온 것이었다.

효소원의 명현반응과 체질개선 효과

아기는 사무실에 와서도 계속 얼굴을 긁으며 울고 괴로워했다. 그 모습이 어찌나 안타까운지 사람들도 위로의 말 한마디를 건네기가 힘들 정도였다. 유명하다는 병원은 다 가보았고 좋다는 약은 다 써보았지만 고치지 못하는 아기의 이 극심한 아토피를 당장 누가 어떻게 무슨 재주로 고치겠는가.

그런데 효소코리아의 임직원은 효소원 제품에 대한 강한 믿음이 있다. 최고 수준의 기술로 정성을 다해 만들었다는 자부심이 있기에 시제품을 만들어 낸 후 많은 사람에게 적극적으로 효소원을 제공했다. 그 결과 얼마 되지 않아 다양한 체험사례가 속속 접수되었는데 무엇보다 먼저 먹자마자 다들 소화가 잘 되고 속이 편해졌다고 했다. 장 기능이 손상되고 소화력이 떨어진 암 환자들에게도 효소원은 즉각적인 효과를 나타냈다.

실제로 효소원은 하루 이틀만 먹어도 속이 편해지고 배변이 편해지며 대변의 색깔이 건강한 색으로 변하는 것을 쉽게 확인할 수 있다. 소화가 잘 될 뿐 아니라 대장 속의 음식물 잔류물과 인체 내의 잔존 독소를 분해시켜 체외로 배출하기 때문에 장이 튼튼해지고 피가 맑아져서 몸 전체가 건강해지는 것이다.

　혈당치가 매우 높아 날마다 당뇨약을 먹고 있던 중년의 한 남성은 효소원 에센스 과립을 매끼 이틀 동안 먹었더니 혈당수치가 갑자기 두 배로 올라갔다며 이게 어떻게 된 일이냐고 놀란 얼굴로 쫓아왔다.

　이것은 효소원의 강력한 효소 역가 때문이다. 역가, 즉 효소원이 갖고 있는 효소의 강력한 힘이 섭취한 음식물을 분해하고 체내에 흡수하는 기능성을 증대하였기 때문에 일시적으로 혈당수치가 올라 간 것이다.

　그러나 효소원을 꾸준히 복용하면 혈액 내에서 인슐린의 작용을 방해하는 과잉 지방이 효소에 의해 분해되어 정상적인 당대사가 용이하게 되므로 오히려 당뇨증상이 개선될 수 있다.

　또한 소화흡수율이 높아지면 식사량을 줄여도 충분한 영양을 얻을 수 있다. 아울러 식사량이 줄면서 소화 작용에 시달리던 췌장을 비롯한 소화기관들이 휴식을 얻어 정상기능을 회복하게 되므로 자연적으로 건강한 체질로 바뀌게 되는 것이다.

　효소원을 처음 얼마간 복용하면 인체 내에 축적된 온갖 독소와 부패한 불순물들이 분해되고 체외로 배출되면서 일시적인 호전반응이 나타나는데 이는 지극히 정상적인 현상이다.

　몸이 건강하지 못 할수록 이런 현상이 강하게 나타난다. 그리고 상태를 관찰하면서 꾸준히 효소원을 복용하면 장기적으로 면역력이 높아지고 신진대사가 원활해진다.

따라서 1년에 한 번 정도 단식을 하고 일상적으로 효소원을 꾸준히 복용한다면 건강하고 활기찬 생활을 영위하는데 큰 도움이 될 것이다.

인천광역시 남동구 구월동에 사는 50대 초반의 여성도 효소원을 먹기 시작한 후 명현반응이 심하게 나타났다. 2004년과 2007년, 경미한 뇌졸중으로 두 차례의 와사풍을 겪은 이 분은 평소 손과 팔이 저리고 두통이 심해 고생하고 있던 중에 윤종국 교육원장의 권유로 효소원 에센스 과립을 하루 4~5개 씩 복용하기 시작했다. 그러자 4~5일 후 심한 어지럼증과 함께 구토증상이 나타나 계속 먹어도 되느냐고 걱정스러운 목소리로 상담을 해 왔다. 이에 대해 윤종국 원장은 그 증상은 혈관 내의 혈전이 떨어져 나가면서 일시적으로 일어날 수 있는 호전반응이라며 계속 먹기를 권했다. 그 결과 효소원을 먹은 지 3개월째 접어들자 손과 팔의 저림 현상이 사라졌으며 두통도 현저히 줄어들었다고 한다.

효소원은 높은 효소역가로 말미암아 몸속의 지방과 노폐물, 대장속의 잔류물을 급속히 분해해서 배출하기 때문에 순간적으로 각 장기 상호간에 균형이 깨지면서 어지럼증이 나타난다든지 몸이 나른해진다든지 구토와 같은 증상이 나타날 수도 있다. 또 몸속의 독소를 해독해서 배설시키기 때문에 땀이나 오줌, 대변, 피부에 반응이 나타나기도 하는데 이 모든 것은 병적인 상태에 있던 체질이 개선되어 본래의 기능을 회복하는 과도기적인 현상으로 받아들이면 된다. 이렇게 노폐물과 독소, 잔류물질을 분해, 해독해서 밖으로 내보내면 피가 맑아지고 새로운 세포가 만들어지는 등 신진대사 작용이 활발해지며 자연치유력이 살아나 면역력이 높아지는 것이다.

나흘 만에 멈춘 진물과 계속된 설사

효소원 제품의 효과에 대한 확신을 바탕으로 윤종국 원장은 위에서 소개한 아토피 아기에게 당시 먹이고 있던 분유 섭취를 중단하고 우유병에 효소원 분말을 생수에 타서 먹이도록 했다. 효소원 분말에는 45가지의 필수영양소가 고루 함유되어 있음으로 영양학적으로도 아기의 대용식으로 전혀 손색이 없는 완전식이기 때문이다.

때마침 아기는 배가 고파 칭얼거렸고, 당장 아기가 평소 먹는 분유 분량만큼의 효소원을 생수에 타서 먹였다. 하지만 9개월 동안 분유에 길들여진 아기는 효소원을 금방 먹으려하지 않았다. 그래서 올리고당을 조금 첨가하여 입에 물리자 먹기 시작했다. 그리고 아기엄마에게 집에 돌아가서 진물이 흐르는 아기의 얼굴에 효소원 분말을 시중에서 팔고 있는 황토분과 섞어 얼굴에 팩을 해주도록 지도했다. 이것은 강력한 역가를 지닌 효소원 분말을 직접 도포함으로서 피부를 뚫고 나오는 아토피 유발물질을 빨리 분해시켜 손상된 피부를 조속히 회복시키기 위한 조치였다.

　이렇게 해서 집으로 돌아간 후 나흘이 지난 깊은 밤에 아기엄마로부터 전화가 왔다. 시킨 대로 계속한 결과 얼굴에 흐르던 진물이 거짓말처럼 멎고 피부가 구들구들해졌다는 것이었다. 정말 반가운 소식이 아닐 수 없었다. 그러나 문제가 생겼다. 분유 대신 효소원을 먹이기 시작한 날부터 나흘 동안 계속 아기가 설사를 해서 몸무게가 1킬로그램 정도가 빠졌다는 것이었다. 그 극심한 아토피 감염 아기가 효소원을 먹기 시작하면서부터 계속 설사를 한 것은 바람직한 명현반응이라고 할 수 있다. 효소원의 뛰어난 분해력이 아기의 몸속에 축적되어 아토피를 유발하던 분유의 동물성 단백질, 고지방을 비롯해 소화되지 않고 남은 노폐물과 잔류물질을 배설시키는 현상으로 풀이되기 때문이다.

　하지만 이로 인해 이제 겨우 9개월인 아기의 몸무게가 1킬로그램이나 축이 났다는 것은 엄마로서는 매우 걱정스런 일이었다. 걱정 때문에 울먹이는 아기엄마에게 윤종국 원장은 아기가 설사를 하는 이유에 대해서 자세히 설명을 하고 설사를 하더라도 이틀 동안만 더 효소원만 먹이도록 설득하고 이틀이 지난 후에는 효소원과 함께 분유를 병행해서 먹이도록 했다.

　이틀 후, 권사님 부부는 다시 아기와 아기엄마를 데리고 사무실을 찾았다. 아기의 얼굴은 엄마의 말처럼 얼굴에 흐르던 진물이 멈췄고 피부역시 구들구들해진 것이 확인되었다. 아기에게 분유와 효소원을 함께 먹이기 시작하면서부터 설사도 멈췄다고 했다. 권사님 부부와 아기엄마의 얼굴은 기대와 희망으로 가득했다. 당장 진물이 멈추고 피부가 구들구들해진 것 하나만으로도 어쩌면 아기의 아토피가 치유될 수 있을지 모른다는 가능성을 보았기 때문이었다.

기적이 일어나다

이 일을 계기로 권사님은 자청해서 우리 효소코리아의 건강코치가 되었다. 그 누구보다도 효소원의 엄청난 효능을 직접 확인했기에 효소원의 마니아가 되었고 현재 우리 회사에서 가장 많은 판매실적을 올리는 건강코치로 일하고 있다.

피부가 눈과 이마까지 벌겋게 뜨고 진물이 흐르던 그 극심한 아토피가 한 달 만에 잡히다니 이것은 우리로서도 믿기 어려울 만큼 빠른 효과가 아닐 수 없었고 권사님이나 아기엄마의 말처럼 기적이라는 말로밖에 설명할 수가 없을 것 같다.

그러나 항상 직원들에게 당부하고 있다. 효소원은 만병통치약으로 알려져서는 안 되며 그렇게 호도되어서는 안 된다고. 효소원은 인체의 자연치유력을 높여주는 건강기능성 식품이고 인체의 면역력을 높임으로써 질병에 대한 면역력이 강화되어 질병에 걸리지 않게 되는 것이라고. 인체의 자연치유력을 회복함으로써 이미 걸린 질병도 치유되어 가는 것이라고.

이제 효소원은 효소 섭취의 절대 부족시대를 살아가는 현대인이라면 누구나 매끼 밥처럼 먹어야 하는 필수영양소가 된 것이다. 제품이 출시된 지 얼마 되지 아니하였음에도 불구하고 효소원의 좋은 효과에 대한 체험 사례는 속속 전달되고 있다.

속속 나타나는 효소원의 효과

경기도 부천에 사는 40대 초반의 여성은 만성변비에 복부팽만으로 시달리고 있었다. 무엇을 먹어도 소화가 잘 안 되고 배가 항상 벙벙하게 불러 고통 받고 있었다. 거기다 그녀는 대상포진까지 발병해 힘들어 하다가 효소원을 먹게 되었는데 먹자마자 처음에는 오히려 가스가 더 생기는 듯 했지만 2~3일이 지나면서 뱃속이 편해지기 시작했다고 한다. 효소원을 3개월째 먹자 가스가 차지 않아 배가 편해졌고 변비증상이 사라졌으며 특히 대상포진이 완쾌됐다고 한다.

인천시 남구 관교동에 사는 70대 초반의 할아버지는 당뇨를 15년째 앓으면서 합병증이 심했다. 기억력이 자꾸 약해지고 체력이 떨어지며 쉬 피로감을 느끼고 다리에 부종까지 생겼다고 했다. 거기다 2009년 5

월에는 협심증으로 인해 관상동맥 스턴트 삽입시술까지 받았는데 수술 후부터 꾸준히 효소원을 먹은 결과 소화가 잘 되고 피로회복이 빨라졌으며 다리의 부종이 개선됐다고 한다.

제주도에서 자연건강법을 지도하고 있는 제주단식원 김민선 원장은 누구보다 효소원의 기능을 신뢰하고 있는 분이다. 김민선 원장은 허약체질의 환자나 중증환자는 물론 단식을 시킬 때에도 환자들의 기운이 떨어지면 효소원을 먹도록 하고 있다.

2009년 6월 초, 위장병을 앓고 있는 40대 후반의 여성이 그녀에게 상담해 왔다. 속이 계속 쓰리고 소화가 안 돼서 병원을 찾아가 엑스레이를 찍어 봤더니 위 벽이 헐어 상처가 났다며 약을 처방해 주었는데 다른 좋은 방법이 없는지 알고 싶어 상담하러 찾아온 것이었다. 김민선 원장은 그녀에게 약을 당장 끊고 무조건 효소원만 먹으라고 권했다. 만약 효과가 없으면 책임지겠다는 말까지 덧붙였다고 했다. 그래서 그녀는 효소원을 먹기 시작했는데 먹은 첫날부터 소화가 잘 되고 속이 편해지더니 20일이 지나자 더 이상 쓰리다거나 아픈 기를 느끼지 못하게 되더라는 것이었다.

상태를 확인하기 위해 김민선 원장이 병원에 가서 검사를 해보라고 했더니 전혀 아프지 않은데 왜 돈을 들여 검사를 하냐며 효소원을 극찬하고 효소원 마니아가 됐다고 했다. 이 여성의 경우, 위 벽이 헐은 상태에서 효소원을 먹기 시작하자 소화가 잘 되면서 무엇보다 위의 부담이 줄어들어 무리를 하지 않게 됐고, 또 효소원은 세포재생 효과가 뛰어나기 때문에 위 점막이 빠르게 회복된 경우라고 할 수 있다.

효소원을 먹으면 체내 여러 기관에 부착된 지방과 불필요한 근육이 분해돼 빠지게 된다.

부산에 사는 40대 후반의 남성은 장교출신으로 직접 보지 않고 체험하지 않으면 믿지 않는 사람이다. 그는 골프와 테니스, 등산, 스쿠버다이빙 등을 좋아하는 만능 스포츠맨으로 고교 이후 항상 64킬로그램의 적정체중을 유지해 왔으며 자신을 근육질의 체질로 자부해 왔다.

그런데 효소원을 먹기 시작한 이후 석 달 만에 몸무게가 4킬로그램이 빠지면서 허리둘레가 줄어들어 바지가 헐렁해졌다고 했다. 그러자 주위에서 혹시 당뇨가 온 것 아니냐고 걱정해 병원을 찾아가 검사해 봤지만 전혀 이상이 없다는 결과가 나왔다. 자신은 누구보다 근육체질이라고 생각했지만 보이지 않은 체지방이 숨어 있었던 것이다.

특이한 것은 효소원을 먹기 이전에는 끼니를 놓치면 머리가 지긋하게 누르는 것처럼 무겁고 매운 음식은 먹지 못했으며, 삼겹살을 먹으면 5분 안에 설사를 하는 체질이었는데 효소원을 먹고 나서는 이런 증상이 말끔히 해소됐다고 했다.

40대의 한 작가는 효소원을 3개월 정도 먹었는데 주위 사람들로부터 성형수술을 했느냐는 질문을 자주 받는다고 한다. 몸은 물론 얼굴의

군살이 빠지자 이목구비가 뚜렷해져 콧날을 세우는 수술을 받지 않았느냐는 질문을 받는다는 것이다. 칠순을 넘긴 그녀의 어머니는 불안, 초조, 우울증 등 정서불안에 시달리고 있었는데 효소원을 먹기 시작하면서부터 증상이 크게 개선되는 효과를 보고 있다.

마찬가지로 몸집이 비대한 연만하신 분들도 효소원을 3개월 정도 섭취한 후 감량효과가 눈에 띄게 나타났다는 사례가 여럿 접수되고 있다. 앞으로 시간이 지날수록 더 다양한 체험사례가 나오게 될 것으로 기대하고 있다.

전 국민의 건강 백세를 위한 소망

현재 우리 효소원 제품으로는 1회용 스틱포장인 과립형 효소원 에센스와 효소왕, 효소미 그리고 원통형의 효소원 분말 등 4가지와 프리미엄이 있다.

누구나 먹을 수 있는 효소원 에센스는 효소, 비타민, 미네랄, 식이섬유와 3대 영양소가 고루 함유된 완전식품이다.

현미와 대두에 유용 미생물을 배양해서 발효시킨 제품으로 인체가 요구하는 필수 영양소 45가지와 활성이 뛰어난 복합효소를 함유하고 있으며 휴대하기 쉬운 것이 장점이다.

또 효소왕은 어린이들을 위한 제품으로 아밀라아제와 프로테아제, 리파아제, 셀룰라아제 등의 복합 효소제를 어린이 맞춤용으로 설계해서 만들었다.

기본적인 필수영양소의 성분구성은 효소원과 동일하지만 발육기에 있는 어린이들의 성장촉진과 면역기능을 강화시켜 만든 제품이다.

효소미는 미용과 체중감량 효과에 중점을 둔 여성 맞춤용 제품이다.

복합효소제와 필수영양소 45가지를 기본으로 하고 있으며 변비를 해소하고 체지방을 줄여주며 세포재생 성분이 피부를 탄력 있게 만들어 준다. 한 마디로 먹는 화장품인 것이다.

그리고 효소원 분말은 성분이 효소원 에센스 제품과 동일하며 분말이기 때문에 과립에 비해 체내 흡수와 작용이 빠르다.

항상 식탁위에 비치해 놓고 가족 모두가 식사를 하며 함께 먹도록 조제한 제품이다.

효소원 스틱형 제품은 항상 휴대하고 다니면서 밖에서 식사를 할 때 끼니에 맞춰 먹고 효소원 분말 제품은 식탁 위에 놓고 온 가족이 먹으면 된다.

우리나라 모든 가정의 식탁 위에 효소원 분말 제품이 놓이도록 하는 것이 한국효소(주)와 ㈜효소코리아의 목표이다.

이렇게만 된다면 우리나라는 세계 최장수 국가가 될 수 있을 것이다. 병원에 누워 장수하는 것이 아니고 건강하게 활동하는 장수라야 의미가 있다.

초고령사회로 빠르게 진입하고 있는 우리나라의 국민의료보건정책은 아픈 사람을 고치는 위주의 정책이 아니라 아픈 사람이 없도록 국가의 의료자원을 효율적으로 투자하는데 초점을 맞추어야 할 것이다.

종합병원이 남대문 시장과 같이 번잡해서는 안 되고 산과 들과 운동장에 80세, 90세 노인들이 나와 건강하게 운동하고 혼자 지하철을 타고 다니면서 활동하는 나라가 되어야하지 않겠는가.

효소원은 건강에 관심이 많은 일부 계층만 먹는 값비싼 제품이 아니라 전 국민이 매끼 밥을 먹듯이 먹는 제품으로 탄생했다.

그래서 일반 건강식품들과는 달리 마트 등 유통기관의 매대 판매를 하지 않고, 건강코치를 양성해 소비자에게 직접 공급함으로써 중간 마진을 줄여 소비자가격을 낮추는 판매방침을 설정했다.

또 질 높은 건강교육을 이수한 건강코치들이 구매자를 찾아가 건강 컨설턴트로서의 역할을 수행함으로써 건강에 대한 고품질 소프트 콘텐츠를 제공하게 될 것이다.

제품이 출시된 후 분명한 효과가 나타나면서 고가의 OEM제품으로 만들어 달라는 제의도 있었지만 모두 거절했다.

그들은 우리가 제의에 응할 경우 그렇게 만든 제품을 고가에 팔게 될 것이기 때문이고 이는 우리 회사의 기업이념에 맞지 않기 때문이다.

건강이라는 가치를 창출하는 우수한 상품을 보다 많은 사람들이 쉽게 사먹을 수 있는 적정가격으로 공급할 수 있어야 한다.

사업은 수익을 내야 한다. 그러나 가치가 검증되지 않은 상품이나 거품이 쌓인 가격으로 소비자를 기만해서는 안 되지 않겠는가. 효소원을 국민건강브랜드로 만들고 국민 모두가 건강해지는 것이 한국효소(주)와 ㈜효소코리아 임직원 모두의 바람이다.

효소의 중요성은 아무리 강조해도 지나침이 없다.

생식을 하는 야생 동물들은 병이 없다. 가축과 애완동물은 고혈압, 당뇨, 암 등 퇴행성 질환에 걸린다. 효소를 섭취하느냐 하지 않느냐의 차이이다. 생식에는 효소가 살아있고 가축과 애완동물은 효소가 없는 사료를 먹고 있다.

우리가 매일 섭취하는 음식물의 약 90%에는 효소가 전혀 함유되어 있지 않다. 효소가 없으면 음식물을 분해할 수 없다. 음식물 자체에 효소가 함유되어 있어야 한다. 음식물에 효소가 함유되어 있지 않다면 음식물과는 별도로 매 식사 때마다 효소를 함께 섭취해야 한다.

나는 산업용 효소 제조업에 종사하면서 효소의 고유한 기능성에 대하여 배울 수 있는 기회를 가질 수 있었고, 나아가 현대인에게 효소가 절대적으로 부족하다는 사실을 인식하게 됐다. 인간이 건강한 삶을 영위하기 위하여 효소가 하는 역할이 매우 크다는 사실을 알게 된 것이다. 그리고는 새로운 사업목표를 세웠다. 사람이 먹는 효소를 만들자고. 시장조사를 해보니 이미 유사제품들이 유통되고 있었다. 그러나 우리 회사에서 만든다면 그 누구보다도 우수한 품질의 제품을 만들 수 있다는 자신이 있었다.

산업용 효소제품 생산으로 쌓아온 검증된 기술을 보유한 우리 회사는 모든 사람이 안전하게 먹을 수 있고, 건강에 반드시 도움이 되는 효소 제품을 만들어낼 수 있다는 전망을 할 수 있었다. 시제품을 만들면서 전망은 확신이 됐다. 그리고 우리 회사에서는 2009년 4월 16일에 첫 제품을 출시하기에 이르렀다. 완성도가 매우 높은 제품이 탄생되었다. 유사제품 중 가장 우수한 일본제품의 효소 역가보다 10배 이상에 해당하는 고역가를 실현했다. 비타민과 미네랄도 고루 함유되어 있다. 현미와 대두의 영양소 또한 고스란히 함유되어 있는 완전식품이 탄생한 것이다. 이 제품은 효소 부족에 노출되고 있는 현대인 모두가 먹어야 한다는 믿음이 있다.

고백하건데 이 졸저를 출판하는 목적은 솔직히 우리 회사의 제품을 널리 알리는 수단을 확보하는 것이 큰 이유 중 하나이지만 보다 더 큰 목적은 모든 사람이 효소를 섭취하도록 하여 섭취한 사람 모두를 건강하게 만들겠다는 것이다.

이제는 효소를 올바로 이해해야 한다. 비타민과 미네랄을 먹는 것이 상식이 돼 있다. 그러나 지금부터는 효소를 먹어야 한다는 것도 상식이 되어야 한다고 믿어 의심치 않는다. 이런 굳건한 신념과 확신이 나로 하여금 이 졸저를 출판하게 했고, 그 신념은 또 나 스스로에게 최고 품질의 효소제품을 만들어야 한다는 동기를 부여했다.

대한민국 국민의 건강에 이바지하고자하는 소망이 있다. 나아가 현미발효 효소 제품의 국제기준을 완성해서 세계시장에서 한국이 개발한 건강식품을 높이 평가받고자 하는 희망이 있다. 나는 이 같은 뜻을 같이 하는 사람들과 함께 판매회사를 설립하여 전국적인 판매조직을 구축하고 있으며, 지방의 각 지역에서는 건강 코치들이 양성되고 있다.

이 졸저는 국내외의 효소 관련 책자들을 수집하여 긴요한 정보를 정리한 것이다. 많이 부족하지만 우선 효소에 대하여 꼭 알아두어야 할 사항들을 모았다. 참고한 서적들은 신뢰성이 높은 책들을 선정했고, 객관적으로 또 논리적으로 옳다고 판단되는 내용들을 정리했다.
참고한 서적들의 목록은 아래와 같다. 졸저를 끝가지 읽어주신 독자 여러분께 감사드리며, 이 책자와의 만남이 독자 여러분의 건강으로 실현되기를 간절히 바라는 마음이다.

참고 문헌

• 건강한 사람들의 7가지 습관/김진목 저/신경외과전문의

• 아토피 리포트/박원석 지음/소금나무

• 엔자임/효소와 건강/신현재 지음/도서출판 이채

• 내 병의 원인과 증상 그리고 치료까지/와타나베 쇼著·김기준 편역/형실라이프

• Food Enzymes for Health & Longevity/Edward Howell

• Super Power 효소의 驚異/輕部征夫, 後藤正男 共著/講談社

• 玄米力의 효소力/眞山政文 著/文化創作出版

• Super 효소 醫療/鶴見隆雄 著/구스코 출판

• 酵素의 활성/德重正信 著/東京大學出版社

• 효소의 ABC/中村隆雄 著/學會出版

• 酵素의 世界/鈴木春男 著/산업도서 출판

• 아미노산, 효소, 보효소로 몸을 건강하게/北澤 要 著/시부야 코아 클리닉 원장, 의학박사/크레인 출판사

• 食의 원점, 현미혁명/中西泰夫 著/同信社 발행

• 병에 걸리지 않고 사는 방법/新谷弘實 著/산마-크 출판

• 영양성분바이블/中村丁次 감수/主婦와 生活社 발행

건강의 기본은
좋은 먹거리와
적당한 운동과
평온한 마음을
항상 유지하는 것이다.